工廠叢書⑰

品管圈推動實務

李樂武　編著

憲業企管顧問有限公司　　發行

《品管圈推動實務》

序　言

　　如果你對 QCC 品管圈活動的真正價值有了認識並正確地導入，則必定會給企業帶來絕大的成果，但如果只模仿其外表形式而組織品管圈（QCC），作成成果發表會，則絕對不會有成果，是無法持久，終為曇花一現式的改善活動。因為，**要想導入 QCC 活動，首先一定要對其精神有正確的認識；其次，要瞭解如何執行 QCC 品管圈的各種具體做法。**

　　本書就是**針對有意導入 QCC 品管圈活動、以期獲得絕佳成果的人士之需要而寫的。**

　　品管圈活動自 20 世紀開展以來，得到了長足的發展。這種自主性的品管圈活動是激發廣大員工參與管理、自我管理的最佳方法。我國自 1980 年從日本引進品管圈活動以來，品管圈活動如雨後春筍般層出不窮，相關行業都發生了翻天覆地的變

化，其產品的整體質量水準有了明顯提高。

市場競爭越來越激烈，提高產品質量、降低企業管理成本，將是企業致勝的關鍵因素。

「QCC 品管圈活動適用於各行各業，應用範圍越來越廣泛」。開展 QCC 活動，充分發揮員工的潛能和創新能力，發揚團隊合作精神，做到全員參與質量改善，達到提高企業競爭力的目的。

本書內容可操作性強，書中案例均帶有專業性，書中內容提供推進 QCC 品管圈活動工作者的寶貴建議，對各行各業的 QCC 品管圈活動開展工作有很高的實用價值。

2006 年 11 月

本公司所出版的「工業叢書」內有關 QCC 品管圈之相關叢書，共有二本：⑯品管圈活動指南（380 元），⑰品管圈推動實務（380 元），郵局劃撥帳戶：18410591 憲業企管顧問公司。

《品管圈推動實務》

目　錄

2

第四章　品管圈如何解決問題（二）：
尋求問題點　130

第五章　品管圈如何解決問題（三）：
重視過程的解決步驟　146

第一章

推動 QCC 品管圈活動的準備工作

一、品管圈活動實施準備

品管圈活動在實施之前，要做好組織策劃，組建好團隊，優秀的團隊是品管圈成功的關鍵。建立約束和激勵機制，按制度辦事，按程序辦事。對員工進行教育培訓，學習團隊溝通的技能，學習品管圈活動所需的基本知識和品管方法。要配備必要的資源，確保品管圈活動的實施。掌握改善的技巧，使品管圈活動得以順利進行。

（一）組織策劃

品管圈活動同其他活動一樣，組織先行。只有配備完善的組織體系，加強管理，才能使品管圈活動有序推進。

1.品管圈推進組織結構

大公司的品管圈推進組織結構一般由品管圈推行委員會、品管圈推進中心、品管圈推進室所構成，如圖 1-1 所示。

圖 1-1

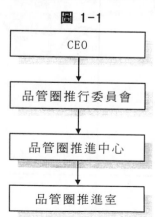

(1)CEO：集團公司的執行總裁，是品管圈推進工作的最高領導者。制定公司的發展戰略將與品管圈活動結合起來，使之產生真正的效益。

(2)品管圈推行委員會：集團公司品管圈活動的組織者和策劃者，制定品管圈活動的方針政策和制度，調配所需資源，確保品管圈活動的推行成功，直接向 CEO 負責。

(3)品管圈推進中心：集團公司品管圈活動的執行機構，根據品管圈推行委員會制定的推行計畫，有計劃的推進品管圈活動，直接向品管圈推行委員會負責。

(4)品管圈推進室：集團公司品管圈活動的具體實施機構，確保基層組織品管圈活動的及時推進，直接向品管圈推進中心負責。

小公司的品管圈推進組織結構一般由品管圈推行委員會、品管圈推進室、品管圈圈長所構成，如圖 1-2 所示。

圖 1-2

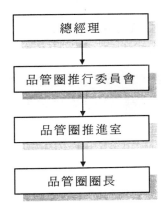

(1)總經理：公司的總經理對品管圈活動推進具有極大熱情，十分願意看到品管圈活動推進所取得的成果。制定公司的發展戰略計畫，把品管圈活動推進作爲一個突破口。

(2)品管圈推行委員會：公司的品管圈推行委員會一般由各部門經理組成，制定品管圈活動的推行方針政策和制度，調配所需資源，確保品管圈活動推行成功，直接向總經理負責。

(3)品管圈推進室：公司品管圈推進的執行機構，根據品管圈推行委員會制定的推行計畫，有計劃的推進品管圈活動，直接向推行委員會負責。

(4)品管圈圈長：公司品管圈活動的具體實施者，確保基層班組品管圈活動的及時推進，直接向品管圈推進室負責。

2.品管圈推進的組織原則

爲確保品管圈的推進成功，在建立完善的品管圈組織體系的基礎上，要遵守品管圈推行的組織原則，才能確保品管圈的推進成功。

(1)目標任務原則。公司品管圈總目標有了，部門、班組的目標就可以確定下來，如圖 1-3 所示。

從圖 1-3 可知，只有明確目標，才可確定好任務，只有將目標任務確定下來，部門、班組品管圈的活動才能確定下來。因此做好目標任務的分解和目標管理是品管圈推進委員會的中心工作。

圖 1-3

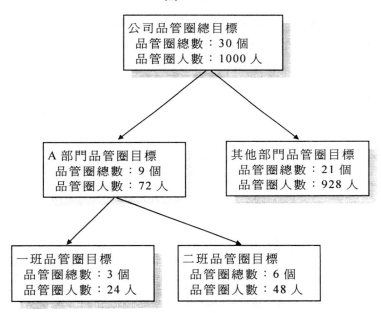

(2)責、權、利相結合原則。品管圈推進同其他活動的推進一樣，要明確責、權、利相結合的原則。明確職責，賦予權利，放手發動，使基層班組或圈長也能獲得應有的利益，如圖 1-4 所示。

圖 1-4

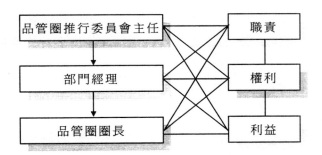

5

(3)分工協作原則及精幹高效原則。品管圈推進組織也要遵循分工協作原則，發揚團隊協作精神，搞好橫向和縱向協調工作。管理團隊要精幹高效，注重辦事效率，如圖 1-5 所示。今日事，今日畢，要腳踏實地地完成月度目標、季度目標和年度目標。

圖 1-5

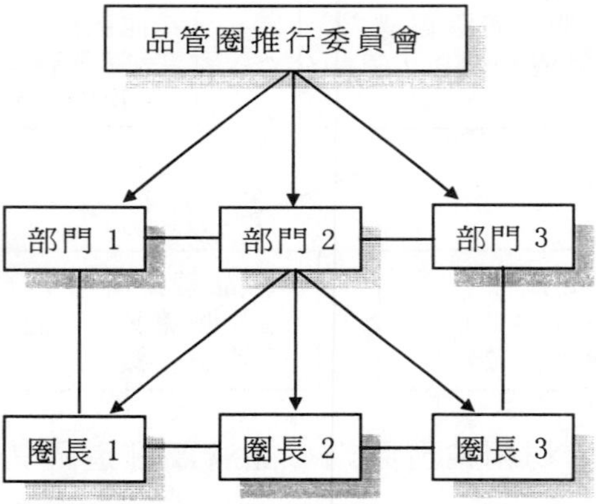

品管圈推行委員會

部門 1　　部門 2　　部門 3

圈長 1　　圈長 2　　圈長 3

(4)管理幅度原則。品管圈管理幅度不能太大，一個圈的人數以 3—6 人爲宜，最多不能超過 10 人，否則，會增加圈長管理的難度，不利於品管圈工作的進行。

(5)統一指揮原則和權力制衡原則。品管圈推行要服從品管圈推行委員會的統一指揮，按步驟有計劃的推進。品管圈推行委員會要定期向 CEO 彙報工作，也要受 CEO 的約束和管理，確保品管圈的推進成功。

(6)集權與分權相結合的原則。品管圈推行也要遵循集權與分權相結合的原則，集權有道，分權有制。不能無限制地放任

自流，也不能沒有一點自主權。自主管理，確保品管圈推行取得實質性的效果。

（二）QCC 品管圈的推行策劃

品管圈推行策劃由品管圈推進中心加以組織策劃。包括品管圈推行宣傳策劃、品管圈推行規劃策劃、品管圈教育培訓策劃、品管圈交流報告會策劃等內容。

品管圈推行宣傳策劃同其他推行活動一樣。要搞好推行策劃工作，宣傳造勢，在全公司形成一股品管圈推行熱潮，可利用標語、廠報、宣傳欄、攝影圖片展開展宣傳工作，使每一位員工感受到品管圈正在推行的強烈氣氛，使他們自覺地參加到這個活動中來，耳濡目染，形成蔚為壯觀的全員推行氣勢。

品管圈推行規劃策劃可根據企業的發展戰略進行規劃，一般公司有三年的規劃策劃，如圖 1-6 所示。

圖 1-6

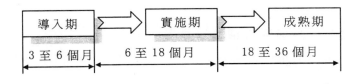

導入期	實施期	成熟期
3 至 6 個月	6 至 18 個月	18 至 36 個月

品管圈活動導入期是關鍵，因此品管圈推行委員會要做好組織和策劃工作。實施期是重點，可在公司全面鋪開品管圈活動。成熟期可拓展到供應鏈的品管圈推行，同時也可根據企業實際導入 6Sigma 或其他活動。表 1-1 是某公司的品管圈導入期

推行規劃,供參考。

表 1-1

序號	項目內容	里程碑日期							負責人
		7/3	10/3	15/3	9/4	15/4	8/6	1/7	
1	品管圈籌備工作								推委會
2	推委會成立	△							CEO
3	高層品管圈培訓		△						推委會
4	品管圈宣傳工作								推進中心
5	中層品管圈培訓			△					推進中心
6	制定品管圈管理制度								推進中心
7	基層品管圈培訓				△				推進中心
8	班組品管圈實施					△			部門經理
9	品管圈評價工作						△		推進中心
10	品管圈交流報告會							△	推委會

(三)使品管圈活躍的三要素

為了活躍地推行品管圈,做出成果必須具備以下三個重要的因素:

(1)領導者要正確地理解品管圈,實行妥善的措施。

(2)推行者要有培育品管圈的熱忱。

(3)品管圈的組長要有堅強的毅力,不因失敗而氣餒。

這裏,最有效的推行工作的核心人物就是推行者。提起推

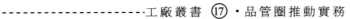

行者,往往只考慮到工廠推行室的人員;但負有推行責任的人,除組長和組員外,工廠所有人員、管理人員、專業人員都是推行者。不過,若以爲有了熱心的主管或推行室人員就放心的話,那是不行的。爲了活躍而持久地展開品管圈活動,建立品管圈的推行組織,一個能對品管圈不斷進行指導和支持的機構是必要的。

品管圈推行組織應注意以下事項:

⑴廠長或高級主管的方針目標,要原原本本地向品管圈全員進行傳達。

⑵要使廠長或主管掌握品管圈的活動情況,抓住品管圈的問題點,並著手解決。

⑶不只是推行室一個部門的推行活動,所有的人員都要關心品管圈,並進行培育和推動。

⑷工廠和作業班長等生產線的老一輩人要作爲品管圈的輔導者,並主動參加活動。

⑸會議制度要明確,做到組織制度和自主活動相結合。

表 1-2　品管圈推行組織應注意的事項

	對象	職能	組成	推行室	活動內容	開會次數
① 全公司的品管圈推行會議	全公司	規劃審議	·總公司品管圈負責的課長 ·工廠品管圈負責的課長	總公司品管圈負責課長	①審議全公司推行品管圈的方針及計畫②檢查全公司的品管圈的活動狀況③全公司品管圈活動的規劃和審議④各工廠品管圈活動的情報交流	1年2次
② 工廠的品管圈推行會議	工廠	規劃審議	·廠長 ·生產線主任（全員） ·工廠品管圈推行室 ·品管圈輔導員代表	工廠的品管圈負責課長	①審議推行品管圈的方針及計畫②檢查工廠品管圈的活動的狀況③工廠品管圈活動的規劃和審議④各生產線品管圈活動的情報交流	1年2次
③ 生產線的品管圈推行會議	課	會議推行	·生產線主任 ·專業人員 ·品管圈輔導員	課的幕僚人員	①審議推行品管圈的方針及計畫②檢查線品管圈活動的狀況③解決品管圈在培育和推行上的問題點④向工廠推行會議會報提報問題	1年6次
④ 品管圈會議輔導員	課	推行	·品管圈輔導員	主持人由輔導員中選	①對生產線品管圈活動的探討②工廠及生產線品管圈活動的實施③在培育和推行品管圈上的問題點的掌握和探討④向生產線推行會議會報提報問題	1年6次
⑤ 品管圈組長會議	課	實行	·品管圈輔導員 ·品管圈組長	主持人由輔導員中選	①小組之間的情報交流②各小組在推行上的問題點的掌握和解決	每月1次

圖 1-7

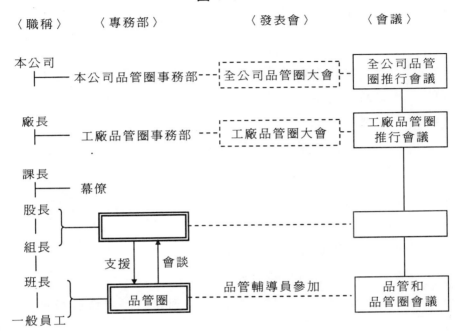

（四）制度準備

　　品管圈制度可分為組織制度、登記制度、管理制度、評價制度、獎勵制度等制度和工作程序，是品管圈推進成功的關鍵。通過這些制度的建立和完善，規範品管圈推進機制，使之成為一種自主性的活動。

1.組織制度

　　品管圈組織制度對品管圈推進組織的責、權、利進行規範和界定，對工作任務進行分解，以確保品管圈推行成功。具體內容如表 1-3 所示。

表 1-3

品管圈組織制度

（一）目的：爲確保品管圈在本公司推行成功，建立完善的組織體系，規定品管圈推行成員的職責與權力和工作任務，特制定本制度。

（二）適應範圍：本公司各部門。

（三）品管圈組織結構圖。

（四）職責和任務：

1.CEO

(1)制定品管圈推行的方針政策。

(2)制定品管圈推行總目標。

(3)定期檢查品管圈推行情況，並對推行委員會成員進行績效考評。

2.品管圈推行委員會

(1)制定品管圈推行計畫和教育培訓計畫。

(2)對品管圈推進結果進行評價。

(3)定期向 CEO 彙報品管圈的推行情況並及時採取對策。

3.品管圈推進事務局/品管圈推進室

(1)對品管圈推進總目標進行分解，並跟進執行情況。

(2)對品管圈推行計畫進行跟進。

(3)落實品管圈教育培訓計畫並協助基層班組 QC 活動的開展。

4.品管圈圈長

(1)定期召開圈會，向上級報告品管圈的執行情況。

(2)搞好團隊合作，發揮圈員的智慧，做好協調工作。

(3)分析問題產生原因，積極採取對策，確保小組活動成功。

(4)形成品管圈活動報告並及時發表。

二、與 QCC 品管圈相關的人員

與品管圈活動有關的人員：

1.經營者

‧應視品管圈為一種投資，為員工的一種在職訓練費用。

‧抱定一分耕耘一分收穫的決心，不斷予以鼓勵、關心，並給予實質的支援。

‧品管圈只不過是實施完美 QCC 的一個環節有效的手法，不可讓高階層認為品管圈是萬能的。

2.管理階層

‧高、中階層主管是實際管理的推動者，也是決定推行成敗最重要的環節。應深入瞭解品管圈活動，積極參與，使它成為管理的一部分。

‧必須徹底瞭解各種手法的運用，直到能得心應手，同時經常接受新的管理知識，俾便產生推動熱忱。在推行工作目標的大前提下，確立所屬單位的目標，明確劃分部

屬的工作目標，透過品管圈活動予以達成。

• 應把品管圈活動作爲考核部屬成績的重要參考依據。不斷追蹤各基層單位活動進行狀況，瞭解、探求問題點所在。主動協助、解決部屬的困難，尤其對於牽涉 2 個以上單位的協調工作，更需適時而適切。

• 充實學識、技術，吸收新知，才能充分研判工作成效，指導品管圈活動的方向。設法讓高階層的推行熱忱，信心不減。即使高階層本身有深切的認識，應不斷向上級報告品管圈所獲成果，使其加深對品管圈的認識與信心。

3.基層主管

實際推行工作、指揮協調的基本幹部，須備組織群衆的能力冷靜的頭腦及負責、熱忱的工作態度。

對品管圈要有基本認識：

• 品管圈能帶來自主管理的目標，是工作推行的最佳手段。

• 不要把品管圈的推動工作認爲是額外的工作負擔，應把它當作是解決問題的手段。

• 把品管圈的成果驗收，當做是本身工作責任的一個方法來看，把它當做是達成工作目標的手段。

• 經常關心活動進度，協助解決困難、協調。

• 充實新知，教導統計方面的問題，儘量教導各種方法之使用。務必使品管圈工作成爲一種經常工作。

4.幕僚人員

幕僚人員少不了事務性工作：舉凡有關事務工作的籌劃、安排及提供所需數據等，是推行能否成功的重要關鍵所在。

- 經常與各部門保持密切聯繫，關心各圈活動進展情形。
- 提供給經營決策者客觀的資訊。
- 做決策者的參謀。
- 查核確認工作。
- 檢討缺點，提供給各單位參考。
- 主動提供各活動圈所需數據。
- 經常安排各種對內、對外活動，以保持與品管圈活動與朝氣，各階層人員一樣均須吸收新知，以便籌劃各圈的教育資料。

5.圈長

圈長是品管圈活動的靈魂人物。

- 應具備強力的領導能力,高度的責任心與敏銳的榮譽感。
- 充分發揮個人的影響力，使團員們提起勁朝向活動目標努力。
- 圈長如無強烈的領導欲，則無法面對難題，更難衝破種種難關，而極易使活動陷入低潮，甚至一蹶不振，半途而廢。
- 應發揮高度的責任感，努力執行品管圈的計劃與目標。同時應根據事實判斷，針對問題加以層別判斷，切忌靠經驗、直覺、僅憑「推測」。亦即必須把握事實並充分運用品管(QC)手法，以解決問題，確確實實帶頭活動，使品管圈活動穩紮進行。
- 應抱定「只許成功，不許失敗」的決心，與其他品管圈一較長短並爭取最高榮譽。因為這種榮譽感的驅使，正

是促進品管圈活動的最佳驅動力。

6.圈員

圈員是品管圈活動的實質份子。一個成功的圈員,應具備下列條件:

⑴重視每一個人無限的潛力

認清自己是企業中不可或缺的一員,更是圈內的一根棟梁。在活動中必須全員參與,盡其所能,共同獻計。開拓每一個人無限的潛力,共謀品管圈活動繼續成長。

⑵充分瞭解工作的真諦

應為工作而生活,除勞力外,更要靠高度的腦力運用,活用科學的統計分析方法,不斷向工作挑戰。

⑶培養高度的使命感

參加品管圈活動,應倍感自身責任重大,抱著有問題解決問題,有困難解決困難的決心,建立不屈不撓的習性,多培養同甘共苦、榮辱與共的高度情操,攜手合作,以達成品管圈的活動目標。

7.登記制度

品管圈登記制度是品管圈活動依據之一,通過品管圈的登記可統計公司品管圈的開展情況,使公司瞭解品管圈的個數及參加人員數量。而品管圈登記制度的核心文件是品管圈登記卡和品管圈會議記錄,作為公司品管圈活動發表交流的證明文書。記錄樣本如表 1-4 所示。

表 1-4

申請登記日期：年月日	品管圈登記卡			登記號碼： 登記日期：	
公司名稱	圈員 姓名	性別	年齡	工作內容	
廠址					
電話					
所屬部門					
圈名					
輔導員					
曾參加的 活動或發 表的演講	發表的演講 或參加的活 動項目	發表的演講或參加 活動的地點		發表演講或 參加活動的 日期	榮譽記錄
部門主管	品管 委員會			中質協	

8.管理制度

品管圈管理制度是爲了加強品管圈推行工作而制定的制度。對促進品管圈活動有序推行具有十分重要的意義，是品管圈活動推行的指導性和綱領性文件。具體內容如表 1-5 所示。

表 1-5

品管圈管理制度

（一）目的：為確保品管圈在本公司推行成功，規範品管圈在公司的運作，特制定本制度。

（二）適應範圍：本公司各部門。

（三）品管圈組成：

1.以班組為單位組成品管圈，人數 3—6 人。在人數較多時可以組成多個品管圈，原則上每個圈的人數不要超過 10 人。

2.圈長可以由組長或有品管圈經驗的員工擔任，但根據實際情況，也可由圈員輪流擔任。

（四）品管圈管理：

1.品管圈小組成立後，圈長選定主題及設定目標，填寫品管圈登記卡，經部門主管批准後，一份送品管圈推進事務局或者品管圈推進室；一份存品管圈活動小組。

2.在不影響日常工作的前提下，圈長組織圈員召開會議，並作好會議記錄。

3.品管圈在推進過程中，如果存在問題，要及時報告部門主管或品管圈推進中心、推進室，直到問題解決為止。

4.對不能完成任務的部門或小組，應及時查找原因，品管圈推進中心、推進室人員應重點跟進。

5.落實目標管理，品管圈推行委員會要及時跟蹤各部門班組月度、季度目標達成情況，並及時報告 CEO。

6.對不能達成目標的部門或小組，應及時落實處罰措施，品管圈推進中心、品管圈推進室人員應重點跟進。

7.品管圈小組應及時總結經驗，在每個活動結束後，要形成報告，作爲品管圈活動考評的依據。

8.品管圈推進中心、品管圈推進室做好品管圈活動的考評工作。

9.品管圈推行委員會要做好每年一度的品管圈發佈會，交流、總結經驗，開展好下一階段的品管圈活動。

9.評價制度

品管圈評價制度是爲了考評品管圈推行情況，發現品管圈推行過程中所存在的問題，及時糾正品管圈推行過程中存在的偏差，確保品管圈的推行成功。品管圈的考核和評價也可分宏觀和微觀兩個方面。宏觀方面主要從體制方面進行考評，企業是否建立品管圈的推行組織體系，品管圈體系運行是否有效，員工的參與度和認同度以及企業文化層面深層次的變化情況。而微觀方面的考評主要從品管圈小組實際運作情況進行考核。其考核內容如表 1-6 所示。

表 1-6　考評表

序號	考核內容	評分				
		1	2	3	4	5
1	品管圈組織體系建立是否完善？					
2	最高管理者對品管圈的重視程度？					
3	員工對品管圈活動的參與度？					
4	中層管理對品管圈活動的認同度？					
5	品管圈活動的普及程度？					
6	品管圈教育培訓情況？					
7	品管圈推進局/室的目標達成情況？					
8	品管圈活動小組的目標達成情況？					
9	部門品管圈活動的目標達成情況？					
10	品管圈推行委員會的工作目標達成情況？					
11	品管圈選題及目標是否適當？					
12	品管圈活動計畫安排是否合理？					
13	品管圈活動運用的方法/工具是否正確？					
14	品管圈活動原因分析是否透徹？					
15	品管圈活動採取對策是否合理？					
16	品管圈活動選擇方案是否最佳？					
17	品管圈活動實施的力度是否充分？					
18	品管圈活動效果是否到位？					
19	品管圈活動報告是否圖文並茂？					
20	品管圈活動報告發表是否生動？內容是否豐富？					

10.獎懲制度

品管圈活動作為公司整體素質改善和提高的一個重要主旨，沒有約束和激勵機制是無法貫徹執行，甚至是失敗的。有獎勵的同時，也要有處罰，否則，管理不到位，品管圈活動只是流於一種形式，就不會取得實質性的改善效果。

獎懲制度考核依據是品管圈的評價制度和目標管理達成情況的綜合平衡，而目標考核的內容如表 1-7。

表 1-7 考核表

序號	考核指標	達成率	評分
1	登記組數/目標組數×0.3		
2	書面組數/登記組數×0.6		
3	發表組數/登記組數×0.6		
備註	達成率是三個指標的匯總，每半年進行一次評估	評分標準	根據達成率確定評分分數

具體的獎懲細節，品管圈推行委員會根據企業的具體實際情況進行制定。

三、 建立品管圈的推行組織

（一）使品管圈活躍的三要素

為了活躍地推行品管圈，做出成果必須具備以下三個重要的因素：

(1)領導者要正確地理解品管圈，實行妥善的措施。

(2)推行者要有培育品管圈的熱忱。

(3)品管圈的組長要有堅強的毅力，不因失敗而氣餒。

　　這裏，最有效的推行工作的核心人物就是推行者。提起推行者，往往只考慮到工廠推行室的人員；但負有推行責任的人，除組長和組員外，工廠所有人員、管理人員、專業人員都是推行者。不過，若以爲有了熱心的主管或推行室人員就放心的話，那是不行的。爲了活躍而持久地展開品管圈活動，建立品管圈的推行組織，一個能對品管圈不斷進行指導和支持的機構是必要的。

（二）品管圈推行組織應注意的事項

(1)廠長或高級主管的方針目標，要原原本本地向品管圈全員進行傳達。

(2)要使廠長或主管掌握品管圈的活動情況，抓住品管圈的問題點，並著手解決。

(3)不只是推行室一個部門的推行活動，所有的人員都要關心品管圈，並進行培育和推動。

(4)工廠和作業班長等生產線的老一輩人要作爲品管圈的輔導者，並主動參加活動。

(5)會議制度要明確，做到組織制度和自主活動相結合。

最 暢 銷 的 工 廠 叢 書

	名 稱	說 明	特 價
1	生產作業標準流程	書	380 元
2	生產主管操作手冊	書	380 元
3	目視管理操作技巧	書	380 元
4	物料管理操作實務	書	380 元
5	品質管理標準流程	書	380 元
6	企業管理標準化教材	書	380 元
7	如何推動 5S 管理	書	380 元
8	庫存管理實務	書	380 元
9	ISO 9000 管理實戰案例	書	380 元
10	生產管理制度化	書	360 元
11	ISO 認證必備手冊	書	380 元
12	生產設備管理	書	380 元
13	品管員操作手冊	書	380 元
14	生產現場主管實務	書	380 元
15	工廠設備維護手冊	書	380 元
16	品管圈活動指南	書	380 元
17	品管圈推動實務	書	380 元
18	工廠流程管理	書	380 元
19	生產現場改善技巧	書	近日出版

上述各書均有在書店陳列販賣，若書店賣完，而來不及由庫存書補充上架，請讀者直接向店員詢問、購買，最快速、方便！

請透過郵局劃撥購買：

郵局劃撥戶名：憲業企管顧問公司

郵局劃撥帳號：18410591

圖 1-8

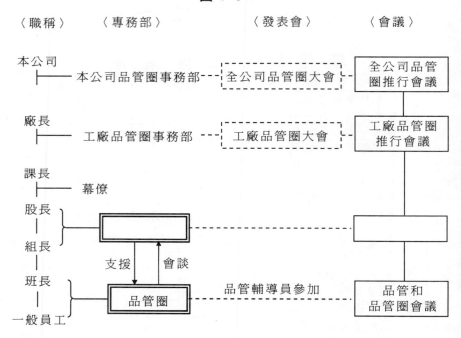

四、QCC 品管圈輔導員的工作

1.為何需要品管圈輔導員

各公司品管圈可以推動，其成果評價也很高。但是，隨著品管圈的成長，上級對品管圈的期望更大，此時品管圈組長和組員們也充滿信心。對於推動品管圈來說，發生了很多從來沒遇到的新問題。

對 QCC 圈長所進行的通信調查結果，認為「當組長困難

多」，由於「自己的能力不夠」的人佔 55.7%。有半數以上的組長抱怨自己的能力不夠。對這些組長進行指導和幫助的人就是品管圈的輔導員。

負有推行工廠品管圈活動責任的是除組長及組員以外的工廠全員。大體上包括管理人員（生產線主任、股長）、品管專業人員、生產線領班、作業班長和品管圈推行室人員。只靠推行室人員的工廠似乎很多，這樣做有以下問題：

(1)推行室一般都停留在處理例行性公事的水準之上，至於和品管圈融為一體一起成長與自動自發的工作意願就難以做到了。

(2)各單位只遵循單位方針不容易實施培育指導，另外品管圈的水準具有高度參差不齊。

生產線領班和作業班長是生產線的老一輩人，他們對現場實情有充分的瞭解。此外，過去曾當過組長並有經驗的班長，對品管圈的推行方法也有充分的瞭解。但是，把品管圈的工作全放在組長一人的肩上，不積極地進行指導和幫助的情形是常見的。這些人往往有「我從品管圈畢業了」的想法。讓這些人作為品管圈的輔導員去指導品管圈的活動並加以培養，以期達到很好地推行品管圈，使之做出成果為目的。

2.依靠品管圈輔導員進行活動的優點

(1)在品管圈主管方針能有效地傳達到品管圈的同時，品管圈的實際情況也能為主管所瞭解。

(2)使品管圈在推行上的問題點能夠解決，對品管圈的圈長進行指導，使之能夠解決困難的主題。

(3)使各小組之間的合作體制得以鞏固，小組間的活動也能活躍起來。

(4)對圈長、圈員們自主地進行品管教育。

(5)工廠品管圈的活動能夠有效地進行。

(6)工廠品管圈推行室人員似乎不需要了。

3.品管圈輔導員的挑選

在組織品管圈的單位，主管和作業班長（包括過去曾當過組長的有經驗的班長）等人員有必要輪調時，應透過上級主管加以任命。

4.品管圈輔導員的任務

(1)作為品管圈的輔導員，要對組長進行指導，對組員們進行培養，以及幫助解決所提出來的課題。

(2)在指導品管圈圈長會議上，建立各小組之間的情報交流和合作體制，指出品管圈的努力方向或必須解決的問題。

(3)召開工廠的品管圈輔導員會議，制訂工廠品管圈推行計畫及行動計畫的方案，並加以實施。

5.輔導員的職責

品管思考圈就如一列火車，圈長是火車頭，是帶動運行的原動力，但發揮力量需要「煤」來加熱，缺少「煤」，力量就運行不出來，整列車將停頓不動。而輔導員的功能就和「煤」一樣，是推動品管思考圈的媒介。

(1)輔導員應具備的條件

· 是公司的基層幹部。

· 瞭解品管思考圈的定義和基本精神。

- 熟悉 QC 技巧，並能活用 QC。
- 瞭解主管及單位執行方針，配合品管思考圈貫徹實施。
- 具備圈長應具備的所有條件，並協助圈長達成目標。

(2)輔導員擔任的角色

- 要深切的瞭解品管思考圈的本質，能對圈長及圈員實施有關之教育。
- 努力促使自己成為擔當輔導員的條件。
- 研究設法造成能夠發揮自主性的氣氛。
- 研究適合廠區的品管思考圈推行制度，並謀求普及。
- 使公司的方針和品管思考圈活動相結合，並支援指導其推行方法。
- 要明白品管思考圈活動，並不只是圈的集會。
- 要知道對品管思考圈活動的熱心程度，會左右整體活動的進行。
- 對上司和品管思考圈兩方面巧妙調節是成功的關鍵。
- 賦予目標時，不要有太高的期望，須知效果乃活動結果所得來的。
- 承認、鼓勵並指導協助品管思考圈的活動計劃。
- 實施圈長、圈員教育，謀求水準的提高。
- 以身作則並實施改善工作環境之活動。
- 設法使品管思考圈容易開會，尤其趕產時更要細心的去想辦法。
- 指導日常活動中，有關管理技術或技巧之使用法及活用法。

・指導在日常活動中，去發現問題、解決問題，激勵建議
　獎勵案的增加。

・要時時把握直屬圈長或圈員之能力，加以適切的指導。

・對品管思考圈平時活動成果給予正確的評價、讚賞、鼓
　勵，並廣為宣傳。

表 1-9　P公司品管圈歷年活動情形

年度＼項目	91年度 1階段	91年度 2階段	92年度 1階段	92年度 2階段	93年度 1階段	93年度 2階段	94年度 1階段	94年度 2階段	95年度 1階段	95年度 2階段
總公司活動圈數										
製造本部活動圈數										
舉辦成果發表會日期										
參加成果發表會日期										
海報比賽										
徵文比賽										
演講比賽										
歌唱比賽										
標語設計比賽										
漫畫比賽										
壁報比賽										

表 1-10　P 公司品管圈活動在職教育訓練內容

品管圈 7 大手法（舊）		品管圈 7 大手法（新）	
課程	時數	課程	時數
品管圈活動概念		關連圖法	
品管圈活動之步驟		KJ 法	
腦力激盪法		系統圖法	
檢核表		矩陣圖法	
柏拉圖		矩陣數據解析法	
魚骨圖		PDCA 法	
層別法		箭形圖法	
散佈圖			
直方圖			
管制圖		註：	
長條圖、扇形圖		1.講習對象：圈員、圈長、輔導員	
甘特圖、推移圖		2.講師：聘請專家學者蒞廠講授或	
品管圈各種手法之運用		由負責推行品管圈部門主管擔任。	
品管圈活動實例說明			
投影片製作技巧介紹			

表 1-11　P公司品管圈活動計畫評核表

年　月第　階段　　圈名：　　　　評核者：　　廠部主管：

項次	評價要點	優	可	劣	備註
1	活動主題是否適當具有創意性				
2	選題理由是否恰當，目標有否訂定				
3	現狀分析及數據收集是否正確				
4	各種分析圖表作法是否正確				
5	對問題點所擬定之改善對策是否有效				1.每項評核優者1分，可者0.5分，劣者0.2分。
6	特性要因分析是否追根究底				
7	是否依照原來活動主題寫報告書				
8	成果報告書所列數據是否正確				
9	是否充分利用 QCC7 手法				
10	該階段是否有特殊的成果，堪為他圈學習者				2.推行小組活動計畫表及成果執行書評核佔10%。
	小計				
	總計			分	

表 1-12　P 公司品管圈活動推行小組平時月份評核表

　年　月第　階段　　圈名：　　　　評核者：　　廠部主管：

項次	評價要點	優	可	劣	備註
1					
2					
3					1.推行小組月份評核佔20%（6個月成績總和）。
4					
5					
6					
7					
8					
9					2.每項評核優者 1 分，可者 0.5 分，劣者 0.2 分。
10					
11					
12					
13					
14					3.由推行小組每月評核 1 次。
15					
小計					
總計			分		

表 1-13　P公司品管圈推廣委員會平時評核表

評核項目 / 圈名	活動計畫表			活動成果報告書			圈會紀錄		圈長座談		總分	備註
	準	遲	逾	準	遲	逾	應繳/次	缺繳/次	應繳/次	缺繳/次		
												1.推廣委員會考核佔20%，各項考核滿分為5分，左列4項共計20分。 2.活動計畫表、成果報行書，按時繳交者最高5分，一星期內最高3分，逾一星期者零分。 3.總公司每月召開圈會一次以上，製造部每月召開圈會4次以上。 4.每階段競賽活動成績併入總分計算。

處長：　　　　經理：　　　　課長：　　　　　　製表：

五、教育與研習

什麼是 QC，QC 手法，何謂品管圈活動？應如何運營等，有關基本事項均須研習妥當。

教育區分為：

　1.廠內集中教育。

　2.領班基礎訓練班。

　3.圈長研習會。

　4.成果發表會、交流會。

　5.「QCC 綱領」等參考書之研讀。

中上階層須於事前調查內容，對參加者的選定，亦須檢討。品管無法一下子深入即付諸實施，需要反覆加以教育，又須將學習者加以實踐、演練，與實際活動相結合。

QC 的想法、手法看似簡單，其實要派上用場則甚難。因此，以圈長為中心，與圈員一起深入學習，仍須上級適切輔導。由表 1-14 可知改善活動與 QC 七種手法的關係。

表 1-14　改善活動與 QC 七種常用手法的相互關係

項次 循環	步驟	內容	QC 七種手法
P	主題設定	決定主題，明確提出選定理由，解決的必要性	柏拉圖、特性要因圖、直方圖、圖表、管制圖
	現狀分析	找出主要問題	圖表、管制圖、柏拉圖
	要因分析	列出要因	圖表、管制圖、直方圖、檢核表、散佈圖
D	對策研擬	追究主要因	特性要因圖、圖表
C	效果確認	針對主要因，研擬改善案	管制圖、直方圖、柏拉圖
A	標準化	比較改善前後數據	管制圖、檢核表
	下期活動目標	爲了使不致恢復原狀，規定發動的標準做法	柏拉圖、圖表

六、QCC 教育訓練應注意那些事項？

　　在教育的做法上有兩種方式。一種叫做集體教育，在會議室或教室裏進行教育的方法；另一種叫做 OJT（On the Job Training，透過日常工作進行教育）的方法。生產線教育請採

取以 OJT 方法為主，並輔助以集體教育的方法。

1.集體教育的好處

(1)對多數人能集中進行教育。

(2)可請專家來講課。

(3)教育計畫容易確定，能進行有系統的教學。

2.計畫要扎實

進行教育要充分考慮生產線的目標和生產線人員的水準，扎實地確定教育目的，制訂年度教育計畫，並予以實施。在制訂計畫時，請運用 5W1H 法一面提出「由誰做，做什麼，在那裏做，何時做，為什麼做和怎樣做」等疑問，一面進行探討。

3.由誰來教

一般認為，生產線教育盡可能由接受教育人員的上級來擔任講師較好。其原因有以下幾點：

(1)他們最瞭解屬下的工作和能力。

(2)他們最瞭解屬下的長處和短處。

(3)教學能夠與實際工作密切結合。

(4)對教學內容中特別重要的地方有充分的瞭解。

同時，從事教學的人員首先自己必須扎實地學習好，這一點關係到教學的效果。

作為講師，具備以下條件是必要的：

(1)基於教學上的要求，要具有豐富的知識和經驗。

(2)教學方法要得當。

給 20 個人上一小時的課，若教得不好，那就是 20 個小時的損失。訓練的方法就是採用讓懂的人來聽課並給與指導的做

- 工廠叢書 ⑰ ·品管圈推動實務 ------------------------------

法，或通過自己錄音後再放，進行研究的做法。

此外，還可透過：

(1)請公司內、外的專家來講課。

(2)先讓組長或領班到公司外的講習會去聽課等辦法，把教學內容和教學方法學到手。

4.如何才能有效地教學

(1)要把教學內容充分地消化掉，若只是照本宣科的話，聽課的人就不會理解。做到充分消化教學內容是必要的。

(2)在講課之前要充分做好預備調查。不僅對課本的內容，而且對有關的事項也充分調查，這樣即可利用廣泛的知識來講課。

(3)要面向聽講人講話。若是低著頭講話，或面向黑板講話，就談不上講課效果。

(4)講課時以實例來說明問題才會具體，容易聽懂，並引起聽講人的興趣。

(5)要善於利用黑板，寫字要簡潔，能加深聽講人的印象。

(6)要盡可能地利用掛圖或投影機，這樣易懂，並引起聽講人的興趣。

(7)要進行練習和討論，不能只是講師一個人講，要啓發聽講人也講話，這樣做才能收到效果。

表 1-15 為了 QCC 引進的程序表

1.領導班幹部的方針和活動名稱的決定 2.QCC 推進體制的設定（委員會、分科會、事務局，推進負責人，幹旋人，技術指導等等） 3.QCC 研修計畫（課程表、入門書，示範團體等等）	約 3 個月
4.QCC 研修（幹部、事業所長、部課長，第一線監督者、領導者、幹旋人等等）	約 3 個月：第一次 3 天 2 夜 第二次 3 天 2 夜 第三次 3 天 2 夜
5.社內 PR（口號、標語、社內報、海報、告示板、小冊子、傳單等等）	約 3 個月

表 1-16 研修課程表

第一天	
時間	內容
13:30-14:00	報到
14:00-14:15	新生訓練、放幻燈片「我們的公司」
14:15-15:10	自我介紹的遊戲
15:10-17:30	工作具體化的方法（集團的創造思考開發法「KJ 法」的做法、幻燈片「所謂 QCC 小組是 QC 方法的系列」、QC 和 QC 小組等）
17:30-18:00	步行大會的說明
18:30-19:30	晚餐（企劃商品食物試吃）
19:30-22:00	作戰會議（用想法來對特性要因圖做歸納整理）
第二天	
時間	內容
5:00-	起床
5:00-5:30	洗臉、準備
5:30-6:00	早操，開始準備
6:00-6:30	開始
6:30-8:00	步行大會
8:00-8:40	早餐
8:40-9:00	發表大會的成績、結果
9:00-11:00	小組討論、反省會（藉著 KJ 法來做整理）
11:00-11:50	發表會（使用 OHP）
11:50-12:00	表揚、講評、開幕

七、 如何開始推動 QCC

（一） 首先要瞭解品管圈

(1)請派 2～3 名代表參加品管圈總部或支部召開的品管圈代表大會，瞭解其他公司的品管圈都在做什麼。只派一個人參加是不夠的。因為，若只派一個人，則實際做的時候就沒有商量的對象。如有可能，也請主管和專業人員參加。

(2)到發起品管圈最早的公司去聽取品管圈推行室的情況介紹是有意義的。若沒有可訪問的適當的公司的話，可由品管圈支部幹事的公司取得聯繫。

（二） 其次要使品管圈起步

各公司起步時的做法可以概括為以下三種方式，請從其中選擇合乎本公司或工廠實際情況的做法，把品管圈建立起來。

1.工廠所有生產線一齊起步的做法

(1)確定品管圈推行室的編制，指定一二名人員擔任（兼職也可），如有可能，可由有關技術和生產的科室來擔任。

(2)由品管圈推行室及有關生產部門的專業人員和領班、組長等數人組成品管圈創立籌備委員會，在組織品管圈的同時，明確工廠導入品管圈的方針，制訂具體的推行計畫，編寫出以組長為對象的品管圈入門手冊。

(3)依據入門手冊，對工廠全員進行品管圈教育。

(4)以預先通知的創立日期，向所有的組長分發入門手冊，

根據廠長指示在所有的生產線開始建立品管圈。

(5)籌備委員會委員及一部分專業人員、領班、組長，作爲品管圈的輔導者，對各小組的起步給以支持和幫助。

(6)提前安排第一次品管圈發表會的計畫，並予以實施。

2.從示範小組開始做起的做法

也就是通過一部分生產線品管圈的示範活動，讓其他生產線仿效去做，以推廣他們的經驗。

(1)挑選幾名意識好、幹勁足的班長，向他們介紹品管圈，並在取得他們的同意之後，各自組成品管圈，提出主題並展開活動。

(2)在主題完成時召開第一次品管圈成果發表會，讓其他生產線的人員來聽，使他們瞭解其方法和成果。

(3)有幹勁的班長的人數逐漸增多，直到工廠中所有生產線的品管圈活動都活躍地展開起來，並推廣下去。

3.從先導小組開始做起的做法

先導就是水上領航的意思。作爲生產線的前輩的班長，首先要體驗品管圈的活動，其次要推動下屬的班長去組織品管圈，並加以指導和培育，從而完成先導的使命。

(1)單獨由班長們組成幾個品管圈，提出課題並進行活動，以累積對品管圈的體驗。

(2)在課題完成時，召開第一次品管圈發表會，請工廠全員來聽，使他們對品管圈加深瞭解。

(3)然後，先導小組就解散，成爲品管圈的輔導者，各班長則委託屬下的班長擔任組長，組織品管圈並進行活動，自己則

進行指導。

八、宣傳活動

1.演講比賽

①目的：

爲促使品管圈活動更活潑、更富朝氣，且爲讓更多同仁參與品管圈活動，藉以提升員工工作士氣及知識領域的拓展。

②時間：

1987 年 4 月 15 日下午 3：50—5：10 分(星期一)

③地點：

總公司

④比賽方式

(a)演講順序以抽籤決定。

(b)演講時間：8 分±30 秒爲標準(每逾或不足 10 秒，扣總平均分 0.5 分)。

(c)字數：以每分鐘 350 字計，2500 字到 3000 字爲宜。

(d)遴派參加人員：

⑤演講題目：自選(但必須與品管圈活動相關)

⑥評審委員：董事長、副董事長、總經理、副總經理、杜經理

⑦比賽評審項目：

表 1-17

比賽評審項目	%
1.主題是否正確。	20
2.內容是否富有創意。	10
3.內容是否確具實用性。	10
4.內容是否具有啓發性。	10
5.口齒清晰與否。	20
6.服裝是否整潔。	15
7.儀態是否端莊。	15

⑧獎勵：

第 1 名：1000 元、獎牌乙座(價約：350 元)

第 2 名：800 元、獎牌乙座(價約：350 元)

第 3 名：500 元、獎牌乙座(價約：350 元)

參加獎：價值 100 元之紀念品 4 名

⑨附註

(a)比賽得 1、2、3 名次之得獎者，應於得獎名次確定後一星期內，將演講稿投雜誌社刊登，分享同仁。

(b)演講比賽時間：4/15，頒獎時間：5 月份月會

2.徵文比賽

爲提高品管圈素質，促進品管圈活動心得交流，本公司品管推行小組於 9 月份舉辦「品管圈徵文比賽」。

例如凡各圈均至少提出一篇參加，字數以 3 千字以內爲宜，總計來稿有 56 篇，截稿之後，特選交 QCC 推廣委員會主任

評審，經評審公正、公平的評閱，加以選出：

前 3 名各獲錦旗乙面及獎金：第 1 名 2 千元、第 2 名 1 千
5 百元、第 3 名 1 千元。將於 12 月份月會中頒獎，藉資鼓勵及
表揚。

爲使同仁便於彼此觀摩優勝作品，並提升各位品管意識，
本刊特將前 3 名及佳作作品予以轉載。由於限於篇幅，本期先
刊前 3 名作品，佳作獎則留待下期揭曉。歡迎同仁詳加閱讀，
吸收其精華，使本公司品管圈素質更爲提高。

表 1-18　徵文比賽評分辦法

項目	評審內容	百分比
1	文章內容是否與主題相符？	60%
2	文筆是否通順流暢？	30%
3	字體是否端正整潔？	10%
評語	評審委員：	

3.品管圈圈歌

學校有校歌，企業有企業歌。我們知道即使是「哭調仔」，
大家一齊唱時，能唱出民族的心聲，從而振奮民心，希望每一
個圈都有圈歌。

能吸引圈員使其團結在一起的共同語言──圈歌，其功厥
偉，共同製作是件快樂的事。如果要一開始便作詞、作曲有困
難，可利用別人的歌曲，改變歌詞亦可。童謠亦可，民謠也不
錯，能唱出自己心中的歌，於開會前、開會後、在郊遊、健行

合唱,士氣便會高昂起來。

　　水準提升後,進而作詞、作曲,進一步編曲,甚至用樂器演奏。不管是作詞、作曲,任何一件事,共同製作,能鞏固團隊精神。

九、品管圈推進的目標設定

　　品管圈推進的方針政策和目標制定,要根據企業的具體需要制定,要有可操作性,而且能夠容易達到目標。

　　(1)品管圈推進的方針政策。品管圈推進的方針政策要與企業經營發展的戰略目標相一致,通過品管圈活動的推行,提高企業員工素質,通過自主管理,改善品質,提高企業的效益,如圖 1-9 所示。

圖 1-9

```
                    公司品管圈方針

    通過品管圈的推行,建立良好的企業組織體系,形成團隊
合作的精神,改善每一個成員所在團隊的工作,自主管理,提
高企業的整體素質,以適應越來越殘酷的市場競爭。

                              CEO：George   ·

                                    9.11
```

(2)品管圈推進的目標。品管圈推進目標以年度目標爲準，依據企業年度的經營目標，分解品管圈推進的具體目標即季度目標和月度目標，如圖 1-10 所示。

圖 1-10

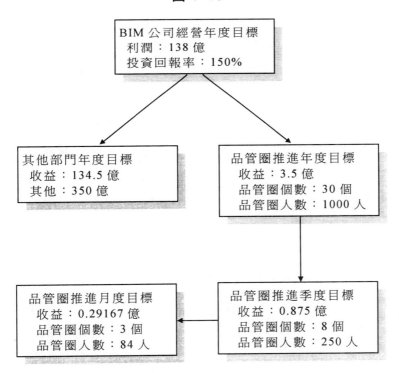

從圖 1-10 可知，品管圈推進的具體目標要根據企業的具體情況來制定。只有設定清晰的目標，才可能使大家朝著一個共同的目標前進，否則品管圈的推進成功只是一句空話。

十、導入 QCC 活動的具體步驟

〈**第一步驟**〉 QCC 活動導入之決定。

決定導入 QCC 活動，差不多都是由董監會或代替該會的最高決策機關來作。因此，要到達該階段，應該有人承認 QCC 之價值，將其價值向董監事或經營幹部級人員去說服這種過程的存在。

在這個過程中，會進行對董監以下的幹部人員的教育，但實際上這一項教育常常是不充分的。結果，即使在董監事會決定導入 QCC 活動，很多董監事都會說「QCC 我曾經聽說過了，這是很好的事，所以希望大家能努力去做」，只持有這種程度的知識與關心而已，這樣是不行的。

因此，就第一步驟的前後期間之經營階層（董監及幹部人員）之教育與指導，以如何確實去實踐的觀點，將「高階層主管（經營階層）之 QCC 推行檢查表」列於表 1-20，請供爲參考。

在這一步驟的 QCC 活動之決策乃是公司方針之決策。所以對全公司員工要將公司決定導入 QCC 活動的理由及背景等作正確傳達，告知公司的決心。同時編成推行組織，任命推進委員長與推進委員，正式地對他們開始實施 QC 教育。

到了對他們的教育有了進展，對 QCC 活動的關心慢慢在公司內升高時，要將教育的對象擴大。而至少對現場主管階級人員就「何謂 QC」「品管圈活動之進行方法」「QC 的想法及七手法」程度的內容施行教育。這一教育的推行人員爲推進委員會也是

各推進委員。講師也可以從外界聘來。

表 1-19 QCC 活動之導入步驟

第1步驟

(1)舉辦高層主管人員之QCC活動有關的講習會。

(2)在董監會決定導入QCC活動並通告。

(3)任命推進委員長及推進委員並通告。

(4)實施推進委員的QC教育。

(5)實施圈長候選人之QC教育。

第2步驟

(6)組織品管圈，任命圈長並通告。

(7)實施一般員工及圈長的QC教育。

(8)最初的品管圈活動「決定圈名」「選定活動課題」「擬定活動

　　計劃書」。

第3步驟

(9)成立大會(品管圈編成儀式)之舉行。

第4步驟

(10)發行品管圈活動的報導刊物。

(11)QC手法教育與圈活動之支援。

(12)舉行品管圈活動成果發表會(大會)

第5步驟

(13)轉換成由下而上型活動。

(14)方針管理之徹底。

表 1-20 高層主管 QCC 推行檢查表

(1)對 QCC 活動之精神在於顧客導向有無充分瞭解？

(2)導入 QCC 活動之意圖有否很清楚？

(3)有沒有讓全體高級主管對 QCC 活動導入之重要性都有認識？

(4)關於 QCC 活動之實際有沒有對高層主管實施充分的教育？

(5)對 QCC 活動之推行的自身任務有無具體的認識？

(6)QCC 推進委員會的組織有無作萬全的體制之編成？

(7)QCC 推行之預算充分否？

(8)爲了展開 QCC 活動對原來的各種活動之地位是否加以整理？

(9)有否確保 QCC 推行之確實的指導者？

(10)有無 QCC 活動之長期展望（長期計劃）？

(11)有沒有認爲 QCC 活動是企業體質之改善活動，而急於追求成果？

(12)有無決心在 QCC 活動之各種集會露臉？

(13)有沒有將 QCC 推行上的重要情報在公司內到處宣傳？

(14)在品管圈大會上有沒有以嚴肅的，但開明的方法給予各圈激勵？

(15)自己本身有無決心去作 QC 活動性的改善，並具有其手法？

〈第二步驟〉

　　對現場主管級人員的教育告一段落時，就是對圈長候選人的教育大致完成了。於是，推進委員會爲了要使活動容易展開，將全公司員工按 4—6 人分別編成一個圈，並任命圈長，這樣組成的圈在圈長的指導下開始展開圈的活動。

　　最初開始時的圈活動課題是「瞭解品管圈活動的學習」與「圈名之決定」及「活動課題之選定」與「擬定活動計劃書」。

在這種初期的活動階段要與推進委員多做商量後進行為宜。

同時，從圈的組成與圈長的任命之日起約一個月這些活動都遂行了的話，就要進入舉行成立大會的步驟了。

表 1-21　QCC 活動導入之準備工作檢查表

①經營陣容對 QCC 活動是否具有充分認識與瞭解？

②公司有沒有足以實施 QCC 活動的寬裕？

③調查過推行 QCC 活動的公司之實態嗎？

④經營陣容對導入 QCC 活動是否都贊成？

⑤導入 QCC 的教育已充分實施了嗎？

⑥管理者級的 QCC 教育已經實施了嗎？

⑦公司欲自 QCC 活動得到的東西，已經很明確了嗎？

⑧QCC 導入及推行的核心人物之推行委員長已有適當人選了嗎？

⑨導入 QCC 的日程已縝密地作成了嗎？

⑩導入 QCC 的預算已經編好了嗎？

〈第三步驟〉成立大會（品管圈組成儀式）

對於公司給與的品管圈組織，不要成為只是參加活動而已，而是要基於自己本身的意思決心去進行品管圈活動。因此才有此成立大會之舉。所以雖然是已經組成的品管圈，但是為了要再次表示是以自己的意志來組成，因而也要舉行品管圈結成儀式。此時要發表自己決定的圈名，活動課題、活動計劃書，同時表明向品管圈活動挑戰的決心。表 1-22 的「成立大會準備工作檢查表」。

表 1-22　成立大會之準備工作檢查表

①各圈圈名是否定得很適當？

②各圈的課題是否適宜於作爲首次活動課題？

③各圈的活動計劃書是否很妥當？

④各圈之中有無特別不合作、無關心的圈員？

⑤成立大會的節目決定得很好嗎？（時間分配及各人致詞內容等）

⑥會場的安排完善否？（是否嚴肅中有明亮、華麗的會場，例如用紅白相
間的幔幕裝飾等）

⑦圈名比賽或活動課題，活動計劃書之競賽等已有安排否？

　　·比賽的裁判委員已決定否？

　　·評分表已備好否？

　　·評審的方法或標準是否已協調一致？

⑧有沒有準備好能使大家的氣氛會一下子噴向品管圈活動的效果之演
講？

〈**第四步驟**〉推進品管圈活動的高度化

　　品管圈活動既經正式開始，在這一個步驟階段的課題乃在於推進委員與品管圈圈長諸君之如何對圈員活動作獻身性的領導或支援。並且舉辦定期性的圈成果發表會（大會），經常給予全公司的品管圈激勵，以介紹新的手法，教育等以圖品管圈活動之高度化。

〈第五步驟〉

當品管圈活動已經過了上述的由上而下型之強力的活動，而大致上軌道之後，推進委員要小心地確實指導其轉換爲由下而上型的品管圈活動。方法上，可以採取一定時期爲期限一下子轉變，或採取徐徐地自然地實行均可。

但是，此時必須同時遂行的是要有依據全公司的經營目標的品管圈活動的方針管理，已往一直是由上而下的方式，只致力於品管圈活動之紮根。但是到了活動慢慢上軌道，全面性任由圈員自主地營運品管圈運動的時候，對於品管圈活動之方向性是否符合公司的方針，須加以管理。關於這一點，只要有由推進委員在決定品管圈活動課題方面給予指導及關心的完整體制，則一切都不會有問題。不要過分地強化方針管理而是要充分考慮品管圈活動之長期發展來實施，這是無庸贅言的。

十一、QCC 品管圈的活動程序

1.編組登記

(1)依各單位組織體系編成推行或促進委員會。

(2)慎選活動的推動人員(中心、區部)。

(3)總幹事及幹事(課)採輪流擔任制度。

(4)基層圈以工作性質相近之工作同仁編爲一圈。

(5)每圈人數以 3—15 人爲宜。

(6)由圈長填寫「品管思考圈登記表」(如表 1-23)進行登記。

(7)組織人員變動時，圈的編組亦會受影響，每期結束後需

重新編組登記，更換圈長或更改圈名。

2.教 育

(1)教育對象

①全員不定期教育，以使品質的重要性深植圈員心中。

②對新任圈長、輔導員實施教育。

(2)教育方式

①在公司「生活」刊登讓圈員瞭解品管思考圈活動的文章。

②在「經營通訊」刊登圈長、輔導員、幹部應瞭解品管思考圈活動之文章。

③舉辦觀摩會──觀摩品管思考圈活動優異單位的做法。

④舉辦講習會──研習 QCTC、IE、PIP、VA、VE、PCS、PIES 等技巧。

(3)教育實施

由廠區(中心)自行擬定適合本單位之教育訓練計劃。

3.活動目標選定

品管思考圈活動之前，若無統一目標，每位圈員只以本身之工作爲活動範圍，這樣，圈的力量將因此分散，就失去了品管思考圈的基本精神。所以，圈活動之前必先擬定統一目標，全體圈員針對目標，群策群力，共同貫徹達成。

(1)目標選定應注意事項

①目標單位選有關事項，勿太大，加大得圈本身無法解決，則會失去興趣。

②目標勿太小，如太小，圈活動起來無意義。

③目標要配合單位方針並經主管認可。

1-23　登記表

圈名		成立日期		登記日期	
圈長		期間		輔導員	

圈員姓名	主要工作	備註	圈員姓名	主要工作	備註

圈主要工作內容	圈活動紀錄		
	活動目標	期間	成果

所屬單位	單位	主管職稱	簽章	備註	(1)本式一式 2 分，1 份自存，1 份經直屬主管簽認送存推動 (2)有記號者，由推動負責人填寫。 (3)簽認主管至經理

④選定目標要經全體圈員討論、附議。

⑤能讓全體圈員參加，且是圈本身能達成者。

⑥目標應能配合實際情況適時修正。

(2)活動目標參考項目

4.擬定活動計劃書

為使目標能順利達成，須擬定活動計劃書、確立活動項目及完成期限，使圈員瞭解圈活動的日程。

5.分析、把握現狀成因

要達到目標，必須利用眾人的智慧分析問題的成因，如為什麼服務時效不好？如何降低某零件不良率？如何簡化某工程操作？……等。

6.研擬對策，分配工作

(1)知道原因所在，要研擬思考解決的對策，將每項原因以條款的方式列出它的對策。

(2)對策擬定後，圈長應依圈員個人能力分配工作，並列出工作分配表，分配表分問題點、對策、負責人、預定完成日期等 4 欄。

(3)工作分配表可以用較大的模造紙填上，張貼於圈「休息處」或顯眼的地方，以便提醒分擔工作的同仁，自我思考。

1-24　活動目標參考項目

項目	活動目標	項目	活動目標
	• 減少圖面修改次數		• 縮短圖面製作時間
	• 提高協力廠品質水準		• 降低庫存量
	• 掌握協力廠交貨日期		• 降低停線工時
	• 降低制程不良率		• 提高技術水準
	• 降低成品不良率		• 生產線重排
	• 降低新品故障交換率	産量	• 工作改善
	• 降低進料特認率	/生	• 工具的改善
	• 降低批退率	産力	• 提高效率
	• 減少缺點數(不良數)		• 生產線平衡
	• 提高制程通過率		
	• 提高制程能力		
	• 防止缺點重覆發生		• 舉辦郊遊
	• 降低機械設備故障率		• 提高出勤率
	• 減少廢料		• 美化環境
	• 做好帳物一致		• 充實圈員的能力
	• 先進先出		• 人際關係改善
	• 服務一次就修好	士氣	• 改善工作條件
	• 通過服務技能檢定		• 舉辦各種競賽活動
	• 減少顧客抗議次數		
	• 降低催收款		
			• 成品、材料、零件整理整頓
			• 減少災害事故
		安全	• 環境衛生的維持
		衛生	
	• 建立標準成本		
	• 零件標準化		
	• 降低採購成本		• 減少搬運不良
	• 減少報廢		• 開發第2來源的廠家數
成本	• 減少修理工時		• 實施在職教育
	• 提高設備操作率	其他	• 機械設備保養
	• 活用停線時間		• 建議獎勵件數
	• 減少水電能源用量		
	• 減少材料、零件的浪費		

7.實施及進度追查

(1)活動至此階段開會的次數最多，也是最容易失去活動熱忱，因爲實施時會遇到一些圈員本身無法解決的問題，這時上一層的主管要多加關心，並予以鼓勵。

(2)圈長在每次開會時要依工作分配表追查工作進度，否則目標就很難達成。

8.實施成果確認與檢討

經過全體圈員多次努力的活動總算有一些結果，此時要將結果確認，並檢討活動以來有那些缺點，以便作爲下一期活動的參考。

9.活動成果標準化

(1)改善對策有好的工作方法、技術時，一定要標準化。

(2)已有作業標準、規範時，立即檢討改訂，若沒有應立刻制定。

10.整理活動報告書，參加成果發表會

(1)將活動績效整理好，以便參加課、中心、廠區、公司或外界的成果發表會。

(2)將圈員們努力的成績，分享給他人。

(3)互相觀摩及互相學習的效果。

圖 1-11　QC 小組活動的推展方法

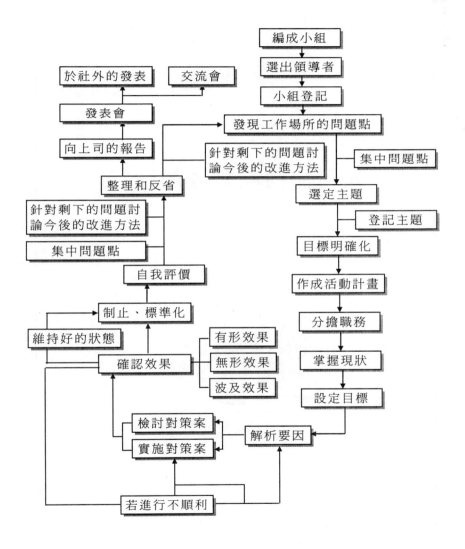

第二章

如何協助品管圈的進行

一、 何謂品管圈會議

會議乃是爲使能得到令人同意的結論，而作集思廣益的活潑發言與意見交換的場所。

會議有下列種種的效用：

(1)集思廣益發揮創意，做更好的決定

(2)經由圈員的參與，培養圈的團隊合作

(3)能各自認識自己的責任並與行動相結合

(4)謀求各人知識與經驗的共有化，並作有效的運用

(5)使品管圈能順利營運，圈員相互的責任範圍明確

可是，品管圈的會議，因爲是由同一工作場所的人們，在相互啓發及自我啓發之中，自主地致力於現場的問題解決，所以出席會議時的態度，不可忘記出席會議的態度：

①想知道同事的詳細情形……想聽聽同事的想法

②想知道現場的現狀……希望能獲得詳細說明

③想知道問題是什麼……仔細地請教

④想解決問題……希望交換解決的想法

⑤希望自己也能積極地出力……希望提出自己的意見

⑥希望同事的協助……想聽聽同事的建議

⑦想商量困擾的事情……希望同事能跟自己一起商量

在進行解決問題的過程中所舉行的會議，大致可按照解決問題會議步驟進行。必須以圈長爲核心，確實地完成各自的任務，這是最重要的。

表 2-1

No.	分類	內容
1	學習的會議	・學習理解呂管圈活動 ・學習 QC 手法、IE 手法等管理手法 ・學習妥善處理日常業務的固有技術 ・爲促進日常業務，由上司及幕僚負責的教育及意見交換
2	擬訂品管圈活動推行計畫的會議	・品管圈的組成、圈長的選出 ・品管圈活動方針的研討與確認 ・年度活動計畫的研討與制定 ・任務分擔的研討與決定
3	解決現場問題（推行主題）的會議	・現場問題點的把握與研討 ・活動主題的研討與決定 ・數據的收集、解析、及檢討 ・對策案的研討、實施、與效果確認 ・活動結果的整理
4	資訊傳達的會議	・活動經過、發表會日程、研習會日程的報告與聯絡 ・上司的方針說明 ・有關 QCC、QC 各種資訊的說明 ・圈員共同問題及對策的研討
5	促進人際關係的會議	・休閒活動的研擬與內容研討 ・現場美化、安全、衛生等方面之商議 ・品管圈營運的問題點等之商議
6	準備發表的會議	・決定發表的 QC story ・製作發表的掛圖及投影片 ・發表的練習（排練）
7	推行改善提案的會議	・提案內容的研討 ・提案的填寫 ・創意（idea）的研討

解決問題會議的步驟：

①考慮如何決定主題

②針對問題進行深入研討＝現狀把握

③擬定計劃

④決定任務的分擔

⑤資料解析，考慮今後之對策

⑥互相提出創意，並進行評估

⑦發表的準備，互相提出發表的建議

⑧活動的反省與自我評估

二、圈會進行方法

有人認為沒有時間開會，就無法進行品管思考圈活動。而開會是活動項目中的一個項目，藉開會進行改善追蹤、意見溝通……等。如果沒有時間開會，問題點的發掘、數據的收集、問題的協調等仍須進行，所以品管思考圈活動是一種不受時間限制的平時活動。為了使開會達到它的功能，請參照會議進行方法實施。

1.開會時機

(1)按品管思考圈活動步驟中每一步驟進行時。

(2)宣佈政策時。

(3)提高士氣時(參加各種競賽或自辦野外活動)。

(4)參加觀摩會或交流會心得報告時。

2.開會時間

(1)公司指定可利用的每人每月 2 小時生產直接工時爲品管思考圈會議時間。

(2)利用早會或週會時間。

(3)利用中午休息時間(約 30 分鐘)。

(4)利用郊遊時間。

3.開會地點

一般人認爲開會的場所一定要在會議室,有桌、有椅才有開會的氣氛。但是品管思考圈會議並不限於固定的會議室中,在各種不定型的場所都可進行圈的會議。

(1)工作現場(圈的休息處或單位會議室):本身工作的地方就是最好的會議場所,圈員召集也比較容易。

(2)辦郊遊:以野外爲開會地點,在風光明媚,芳草如茵的地方一邊玩樂,一邊開會,心情輕鬆了,發言便會更加踴躍。

(3)聚餐:中午或晚上集合圈員一起在餐廳用餐,以邊吃邊談的方式進行。

(4)家庭式會議:帶家眷輪流至各圈員家中開會,在這種地點更能培養同仁間的友誼。

4.會前準備工作

(1)主席應於會前 2—3 天搜集資料,整理分析,於開會前一天或當時,印發每一位圈員。

(2)決定開會時間確認全員都能參加。

(3)通知開會時間及地點,並呈上級核准。

(4)想好開會討論的主題。

(5)整理會場,準備茶水。

5.會議議程

(1)上次會議決議報告。

(2)各工作分配負責人報告工作進行情形,並徵求大家的意見,如需加以討論,請紀錄下來,留待下一議程中討論。

(3)進行討論。

①前次會議如有未盡事宜,可於本次會議繼續討論。

②前項議程留待討論事項之討論。

③討論時,由主席控制會場,對一件事求得解決後,才能進入第 2 議題。

④議決要做的事,應有明確的決定,並指定負責人。

⑤開會時間有限,必須同心協力,踴躍發言立求解決。

(4)分配工作。

①凡議決留待進行者,應得負責人的承認,並給予明確的工作範圍及目標。

②被分配工作之圈員應接受,並認真負責地去進行。

③未分配工作之圈員,有義務熱心去協助議決事項之進行,至完成爲止。

(5)臨時動議。

(6)主席結論。

(7)請輔導員講評。

(8)預告下次會議日期、時間、地點。

(9)散會。

6.會後工作

⑴會議場所整理,恢復原狀。

⑵議決之事項作成工作進度表,請各工作分配之負責人確認並定期追查。

三、QCC 圈會進行方法

有人認為沒有時間開會,就無法進行品管思考圈活動。而開會是活動項目中的一個項目,藉開會進行改善追蹤、意見溝通……等。如果沒有時間開會,問題點的發掘、數據的收集、問題的協調等仍須進行,所以品管思考圈活動是一種不受時間限制的平時活動。為了使開會達到它的功能,請參照會議進行方法實施。

1.開會時機

⑴按品管思考圈活動步驟中每一步驟進行時。

⑵宣佈政策時。

⑶提高士氣時(參加各種競賽或自辦野外活動)。

⑷參加觀摩會或交流會心得報告時。

2.開會時間

⑴公司指定可利用的每人每月 2 小時生產直接工時為品管思考圈會議時間。

⑵利用早會或週會時間。

⑶利用中午休息時間(約 30 分鐘)。

⑷利用郊遊時間。

3.開會地點

一般人認為開會的場所一定要在會議室，有桌、有椅才有開會的氣氛。但是品管思考圈會議並不限於固定的會議室中，在各種不定型的場所都可進行圈的會議。

(1)工作現場(圈的休息處或單位會議室)：本身工作的地方就是最好的會議場所，圈員召集也比較容易。

(2)辦郊遊：以野外為開會地點，在風光明媚，芳草如茵的地方一邊玩樂，一邊開會，心情輕鬆了，發言便會更加踴躍。

(3)聚餐：中午或晚上集合圈員一起在餐廳用餐，以邊吃邊談的方式進行。

(4)家庭式會議：帶家眷輪流至各圈員家中開會，在這種地點更能培養同仁間的友誼。

4.會前準備工作

(1)主席應於會前 2—3 天搜集資料，整理分析，於開會前一天或當時，印發每一位圈員。

(2)決定開會時間確認全員都能參加。

(3)通知開會時間及地點，並呈上級核准。

(4)想好開會討論的主題。

(5)整理會場，準備茶水。

5.會議議程

(1)上次會議決議報告。

(2)各工作分配負責人報告工作進行情形，並徵求大家的意見，如需加以討論，請紀錄下來，留待下一議程中討論。

(3)進行討論。

①前次會議如有未盡事宜,可於本次會議繼續討論。

②前項議程留待討論事項之討論。

③討論時,由主席控制會場,對一件事求得解決後,才能進入第2議題。

④議決要做的事,應有明確的決定,並指定負責人。

⑤開會時間有限,必須同心協力,踴躍發言立求解決。

(4)分配工作。

①凡議決留待進行者,應得負責人的承認,並給予明確的工作範圍及目標。

②被分配工作之圈員應接受,並認真負責地去進行。

③未分配工作之圈員,有義務熱心去協助議決事項之進行,至完成為止。

(5)臨時動議。

(6)主席結論。

(7)請輔導員講評。

(8)預告下次會議日期、時間、地點。

(9)散會。

6.會後工作

(1)會議場所整理,恢復原狀。

(2)議決之事項作成工作進度表,請各工作分配之負責人確認並定期追查。

四、圈會的形態

圖 2-1　圈會的種類

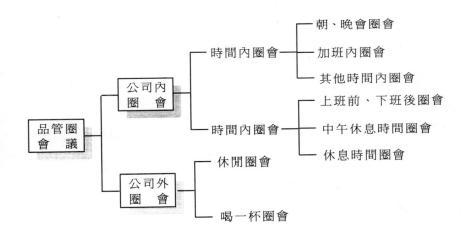

1. 5 分鐘集會

每天不斷地召開 1 次 5 分鐘的集會。由於時間短，因此上司應該會同意在上班時間內召開的。不要以爲只是僅僅的 5 分鐘，20 天的話就是 100 分鐘了。不過，還是希望能有每月召開 1 次，大約 30 分左右，而確實進行討論與整理的圈會比較好。

2.朝（晚）會圈會

於每天的朝會或晚會時，設定爲短時間的圈會時間的方法。與 1.的方法一樣，時間雖短，但每天都可以確實地實行，與其進行形式上的朝會，不如開圈會其收穫更多。

3.大肚魚式圈會

每次發生問題時，有關圈員即集合在現場的角落上，針對問題點進行討論，只要有一定的結論出現，就立刻解散的作法。因為很像大肚魚，為了適應一時一時的情形喜歡集結在一起，成群在小河中遊樂，所以稱之為大肚魚式圈會。

4.午餐圈會

利用午餐或中午休息時間召開圈會的方法。由於是心境最為平穩安靜的時候，因此往往會有意想不到的好意見出現。無論如何也有全員容易聚集的優點。可是，請不要忘記午餐時間終究是休息的時間。因為中午的休息時間是為休息而設的，所以不能使圈會成為身心的負擔。在那樣的意義之下，應設法避免使用全部的中午休息時間。

5.趁機圈會

趁機利用練習茶藝、插花、休閒活動時之前或之後召開圈會的方法。如利用圈員大家一起來幫忙插秧、收割、或其他農事時，於接受招待晚餐之後的時間召開圈會也是一種方法。

6.紙張圈會

三班制錯開的品管圈等所實施的方法，是利用筆記本及傳閱板等，記述傳話及意見，而在筆記本上召開圈會的方法。像這樣的圈，最好每月召開一次大家能一起見面的圈會。

7.加班圈會

上班時間中很忙，無法抽出時間的工作場所可以利用的方式，即利用加班時間召開圈會的方法。

8.幹勁提升的圈會

如果圈會能在上班時間內召開，那是最好不過了。為了能夠在時間內召開圈會，必須努力向上司仔細說明，使其瞭解才行。例如可以說：由於今天工作的幹勁提高，下午 4 點 30 分前即完成工作,請准許我們 30 分鐘召開圈會吧！等話試試看怎麼樣。

9.早晨咖啡圈會

早上，上班前提早 30 分左右到，邊喝自動販賣機的咖啡邊開圈會的方法。這是圈員在早會結束後就必須馬上出門的許多圈所想出來的開會方法。

規定如每月的 10、20，30 日的日期或星期幾,定期召開圈會的力法，由於事先安排日期，似乎頗獲好評。

不要抱持消極保守的態度，藉口工作太忙、沒有時間、太累,因此認為「無法開會」，最重要的是具備如「一定要做給你瞧瞧！」那樣的積極態度。

圈會形態的基本之一，就是應該花費多久的時間開會。如果能夠充分運用較長的時間開會，那是最好不過的了。可是一想到工作現場每天都是過著相當忙碌的日子，恐怕要抽出那麼長的時間實際上似乎不太可能，因此產生了短時間的高效率會議形態。

另外一項是圈會究竟是在上班時間內進行或時間外進行的問題。時間內進行圈會時，必須考慮對於日常業務的影響。因此應與上司及負責推行的部門充分商議之後再作決定。那麼在時間外進行圈會，是否就能夠順利地進行呢？則又會產生了另

一問題。因爲在下班之後有自己想學的功課或技藝，也有種種的私事要辦，所以就必須在每一位圈員的各種情況當中，好好地協調，選定最適當的日子。

五、圈會的場所

品管圈會議究竟在何處進行？根據約 500 名的圈長問卷調查顯示，以在工作現場進行圈會者爲最多。

因此，圈會的場所並不限於會議室，按照議題或主題，而可以使用各種不同的場所。

(1)會議室

黑板、桌子、椅子齊全，且在進行圈會時感覺舒適的會議室應該很多。因爲處於獨立的環境之中，所以是可以預期會有高效率的會議場所。

(2)工作的機械旁邊或生產線旁邊的空間

現場實物及資料容易利用，具有能夠馬上確認有問題的制程等的作業內容之有利條件。可是也有噪音及場所狹窄的缺點，故必須能對付這些情況才可以。

(3)吸煙區

這是現場的同事們所共有的角落，這一點切不可忘記。其實，這種地方具有向圈員以外的人搭話，以聽取意見等，使圈會趨於輕鬆氣氛的優點。

(4)有公告欄的走道

由於須站著進行圈會，因此必須想辦法使能在短時間內提

出結論。而且還要考慮不要妨礙到經過的人才行。在會議室以外，當臨時想到時，或是有工作中的等待時間時，不妨也可以注意一下這種簡易而輕便的場所。

(5)餐廳

團聚在一起，一邊吃午餐，可能會產生意想不到的想法。必須注意不可勉強，使得能夠有輕鬆愉快的交談。

(6)公司的草坪上或庭院

在春、秋季天氣好的日子，坐在草坪上開圈會，也會因為心情舒暢而使交談趨於活潑。交談的記錄可在厚紙上貼上白紙，用簽字筆等畫寫即可。

六、選定圈會時間

不管是在工作現場內或是在中庭，都已足夠圈會的進行。根據圈會的目的與內容，對場所及時間的安排下工夫，也都是人的聰明睿智之表現。

如果考慮到使圈員能夠經常進行每天的資訊交換、習題的進度等多方面的日常活動，則圈會以多次的短時間圈會為宜，此種情形，圈會時間的取法可以考慮如下：

(1)早上開始工作前的 30 分鐘圈會

(2)每天朝會時的 5 分鐘圈會

(3)中午休息的 30 分鐘圈會

(4)休憩時間的 3 分鐘圈會

(5)下班後，更衣室的 10 分鐘圈會

圖 2-2　圈會的實況調查

1 小時以內佔 70%！
短時間圈會佔多數！

每月 2 次以上與 2 次
以下各佔一半！

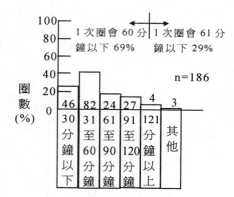

1 次圈會 60 分鐘以下 69%　1 次圈會 61 分鐘以下 29%

n=186

圈數 (%)

| 46 | 82 | 24 | 27 | 4 | 3 |

30 分鐘以下｜31 至 60 分鐘｜61 至 90 分鐘｜91 至 120 分鐘｜121 分鐘以上｜其他

每次圈會的平均時間

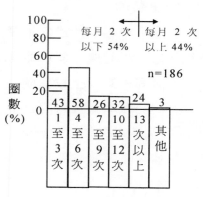

每月 2 次以下 54%　每月 2 次以上 44%

n=186

圈數 (%)

| 43 | 58 | 26 | 32 | 24 | 3 |

1 至 3 次｜4 至 6 次｜7 至 9 次｜10 至 12 次｜13 次以上｜其他

3 個月的圈會次數

時間內圈會佔 70%

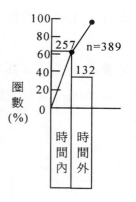

257　n=389
132

圈數 (%)

時間內｜時間外

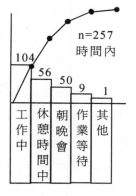

n=257
時間內

104
56　50　9　1

工作中｜休憩時間中｜朝晚會｜作業等待｜其他

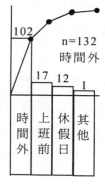

102　n=132
時間外

17　12　1

時間外｜上班前｜休假日｜其他

何時開圈會？

(6)每週 1 次的 30 分鐘定期圈會。

總之，以發揮全員參與的精神，形成了僅以一部分人的圈會進行的方式，或是考慮沒有需要圈會的新作法。圈會的時間帶則頗為靈活，可以在規定時間內、加班時間、中午休息時間、甚至於在休假日。選擇符合各自所屬工作場所的情況，以及符合圈員的情況，以容易集合的時間進行。

七、 圈長的職責

圈長是活動的中心人物，必須對品管思考圈有正確的瞭解和認識，可藉自主的學習來認識。還要有領導圈員的領導力，使圈員感到圈長的必要性，而主動的參與品管思考圈活動，使活動活潑化。

1.圈長應具備的條件

(1)充分瞭解品管思考圈活動的意義、精神、實施步驟與方法。

(2)自動自發及培養圈員自動自發的參與品管思考圈活動。

(3)擬訂活動計劃並依照計劃確實執行。

(4)活用 Plan-Do-Check-Action 經營循環的要領。

(5)訂定目標，並領導圈員努力達成目標。

(6)主持圈會議，努力開好圈會。

(7)設法造成全員參與、全員發言、全員協力、全員分擔的氣氛。

(8)每次圈會之時間、地點、研討內容等要有事先準備。

(9)鼓勵圈員多思考，多提改善建議，達成每人每年建議案件 6 件以上的目標。

(10)研究品管的技法，培養解決問題的實力。

(11)學習與工作有直接關係的固有技術及改善方法，並充實自己的能力。

(12)做好圈與圈的橋梁，造成良好的人際關係。

2.圈長必須瞭解之要點

(1)充分瞭解「圈員手冊」。

(2)品管思考圈是自主性的團隊活動——希望全體同仁一律參加。

(3)品管思考圈並非與工作分離而獨立存在的。

(4)一面作具體的改善，一面積極活動，並從身邊的小問題做起，體驗其活動方法。

(5)改善工作、改善提案、提高建議獎勵案效率，也應由品管思考圈來實施。

(6)不要等上司或輔導員的催促，應自主的大家一起活動。

(7)在品管思考圈活動中，圈員一律平等，同等待遇。但分擔的工作應依各人能力，大家互相幫助。

(8)除了現場內的活動外，應積極參加公司內、外的各項活動，尤其應體驗發表會、品管圈大會或交流會等。

(9)訓練圈員使他們能在開會中利用腦力激蕩法自由發言。

(10)開會或日常的品管思考圈活動能獲得人和，人和是活動主要的結果。

(11)不可使用「不可能」這句話，只要努力就能開拓大道。

⑿努力獲取大家滿意的成果。並非金額效果才是成果；圈員的滿足感也是最大的成果。

3.如何使圈員瞭解品管思考圈

品管思考圈是組織起來了，可是心中不贊成品管思考圈活動的圈員必然會有的。他們總以為「那等於加強勞動」、「積極的進行品管思考圈只會使自己更勞苦，讓想做的人去做好了」。在鼓舞圈員的幹勁以前，應先反省自己是否真的想做？圈長本身並不想做，而把目標分配給圈員，或強迫活動的實例似乎並不少。所以圈長要先自我反省，對不想做的圈員應多接觸、多懇談，教導他們「圈員手冊」中的基本知識，並與他們一起選定身邊容易解決的主題去做做看，以實際行動讓大家來體會團體活動的好處和精神。協助圈員舉辦各種郊外活動，讓他們瞭解品管思考圈並不局限於品質改善的活動，所有建議獎勵案的實施，改善人際關係，使大家活潑化，都是重要的課題。針對公司有利於品管思考圈的措施，一一對圈員加以說明。

例如：上司不獨佔成果，其成果的利益和榮譽都歸品管思考圈；其成果也關連到圈員各人能力之提高和未來的前途；其成果中的品質改善，工作現場改善等，均可提為建議獎勵案，增加圈員所得。所以，要圈員瞭解品管思考圈，除了要他們明瞭品管思考圈對公司的重要和利益，也要讓他們明白對本身也有莫大的好處。

品管思考圈活動的活絡化方法：人的習性是不管從事何種工作、何種活動，都會有高潮和低潮的時候；品管思考圈活動也不例外，長時間做同樣的活動就會做膩，就會提不起幹勁，

致使活動停滯不前。此時,當圈長的須立刻再使活動活潑化,恢復以往的朝氣,以下幾種方法可供參考:

(1)品管思考圈足以個人力量發揮團隊精神的,如一部機器中的一個零件失去功能,甚至可以導致整部機器的失靈和停頓。

你的一個或兩個圈員可能因爲家中發生事故,情緒不穩,同仁間吵架等都會因此而影響活動的效率。這時不妨先給予安撫、安慰、和解,等他情緒穩定時,他會覺得圈長對他的關心,不好意思再把分擔的工作擱置不管了。

(2)把活動區分成幾個階段,一面反省一面進行。又時常換主題、改變活動方式、變更分工方法等應多多下功夫研究。

(3)儘量激發或提示改善品質和改善現場等的方法,給他們有「提建議案」的機會,獲得較多的獎勵與收入。

(4)連續做較難的主題活動就會疲倦,時常和圈員們一起做娛樂、郊遊等活動也是方法之一。

(5)公司或上級主管的不關心也是原因之一。圈長可請求上級主管給予全力支援。

(6)活動的範圍很廣,有品質、效率、成本、工時、安全等很多問題。只要有幹勁和發掘問題的意願,就不愁沒有主題發揮,品管思考圈活動也不會停滯不前。

八、圈長的領導要領

要領 1：瞭解圈長在品管思考圈活動中的基本職責

(1)提高參與感

①建立良好的人際關係。

②讓圈員對團隊產生責任感。

③使圈員熱心達成目標。

(2)謀求意見的溝通

①協調各人意見。

②意見不一致時，由主席綜合做一結論。

(3)給與協助

①圈員有困難時給與協助。

②對圈員的諮詢事項，要仔細聽取。

要領 2：活用下列 5 種觀念

(1)讓圈員產生信賴感

①對圈員的承諾，一定要信守。

②對圈員的意見，要專心聽取。

③須果斷，並讓圈員信服。

④對結果要負責任。

⑤對所有圈員均要公平對待。

(2)須對達成目標具有強烈的信心與熱心

①充分瞭解目標的意義，產生完成它的意念，這種意念就是熱心的原動力。

②不得有「上級要求如此做，才不得不如此做」的不積極觀念。

(3)發掘圈員的長處，並予活用依經驗、能力、專長分擔職務。

(4)作為連絡中心

①下情上達。

②與外部之聯繫、協調的連絡中心。

(5)不要唱獨腳戲，要結合全員的智慧去行動。

要領 3：良好的準備方能順利地展開活動

(1)確定目標：讓每位圈員充分瞭解訂定此目標的背景。

(2)充分瞭解圈員：製作一覽表，匯總每位圈員的姓名、專長、工作經驗等。

(3)抓住營運上的重點：會議準備、工作分配、資料搜集分析、機會教育等。

(4)瞭解活動的許可權：例如目標必須上級核准，不影響公司政策等。

要領 4：建立團隊內的人際關係

(1)抱定協力達成團隊目標的態度。

(2)互相瞭解個人工作經驗、特長等。

(3)互相承認對方的立場，互相信賴。

(4)產生一種氣氛，不拘泥於上級或前輩。

(5)讓每位圈員均有被重視的感覺。

(6)心情上的親近，也不可忘記工作上時時檢討，大家共同努力達成目標。

要領 5： 讓每位圈員有一致的目標

(1)不管向那位圈員問「目標是什麼？」回答都是一樣的。

(2)預估達成目標以後，會變成怎樣，成果如何？

(3)為什麼要達成此目標，讓圈員都瞭解其理由。

(4)目標要明確具體。

要領 6： 確實找出問題點所在

(1)對設定目標的主題，徹底調查其現狀如何。

(2)以數值具體的表示現狀與目標的差距。

(3)對現狀加以分析。

(4)實施檢討、研究除去其原因的各種方法。

要領 7： 促使大家踴躍發言

(1)對不發言者予以誘導。

(2)讓每位圈員都提出他的意見。

(3)每個意見均受重視。

(4)發言停頓時，予以提示。

(5)對脫離主題的發言，適時調整。

(6)不可有阻擋意見或批評意見的場面出現。

主持品管思考圈會的 10 個要點：

①明白告知圈員會議討論的內容。

②說明可用多少分鐘，以什麼方法發言。

③對於發言，不可立刻評價好壞。

④對無法充分表達自己意見的人，幫助他「是不是這樣的意思」。

⑤控制時間並指定專人紀錄。

⑥對無發言的人，加以誘導，例如：「現在有這樣的意見，你認爲怎樣？」。

⑦發言停頓時，即表示自己的意見，或者提示請從別的角度去思考，造成發言的機會。

⑧對脫離主題的發言，適時調整，如「我們回到現在的主題吧！」打斷其發言。

⑨將對立意見或少數意見也留下紀錄，表示重視。

⑩對提出的意見、創意下結論。

要領 8：將已決定事項編成日程表控制

(1)擬訂實施計劃，張貼現場，讓圈員瞭解遵循。

(2)編訂何時須完成那一項目的詳細日程表。

(3)日程表有變更時，立刻通知圈員。

(4)中途發生困難時，隨時予以指導。

(5)定時核對進度。

要領 9：讓全員分擔工作

(1)讓全員都成爲主角，來進行活動——工作適當分配。

(2)開會時，也要大家一起協力準備——如會場準備、用品準備、未參加者的聯絡、數據的搜集、紀錄等。

(3)分配工作的要領

①向圈員發問各人希望擔任那一項工作。

②大家表明希望後，圈長再考慮全體的平衡情形。

③對同一工作者，很多人希望擔任時，指定由誰擔任最適當，並問其次的希望，以便調整。

④一個工作亦可由 2 人或 3 人組或小團隊來完成。

⑤無人願意做的，由圈長指派，但不必太勉強。

要領 10：確實實施中間報告與進度追蹤

(1)決定中間報告的日期。

(2)Check 進度達成情形，追蹤改善。

要領 11：透過品管思考圈活動做自我啓發，並促進圈員的成長

(1)成長的基礎在於自我啓發──自訂目標、日程表、自行思考、協調等活動，透過實務磨煉，使大家都能成長。

(2)團隊活動是提供自我啓發的最好場所。

(3)各人分擔工作，互相重視，産生不輸給別人的想法，可導致個人的成長。

(4)目標具有挑戰性，爲達成目標，激發成長。

(5)互相研討，從學習中，個人即可成長。

要領 12：把成果和下期活動連結起來

(1)活動結束時，評定成果，充分反省

①能與預期成果一致或超過是最好，當然值得高興。

②雖未能達到預期成果，但已盡最大努力，亦可感欣慰。

③如未達成又未盡全力，則應反省，下期努力改善。

(2)成果經整理，讓別人也瞭解，使圈員有成就感。

(3)標準化，作爲今後行動的基準。

(4)檢討得失，該學習的、該改善的、該活用在工作上的，匯總大家的體驗，作爲下一期活動的參考。

九、不能只由圈長單獨行動

（一）由品管圈把生產線全員的力量集中起來

只靠一個人的力量是很有限的，使生產線始終處於這種狀態的做法是一個很大的損失。請以班長卓越的領導能力，再加上生產線全員的智慧和力量。如此首先要徹底推行管理，其次進行大問題的改善。

愛迪生做出了很多世界性的大發明。當然，愛迪生超人的能力確實構成了有力的基礎，但要知道，在完成一項大發明的過程中，也離不開多數人的協助與努力。

（二）為什麼要由生產線全員來做

1.集中大家的智慧就會有好的結果

若在班長的想法中再加上生產線全員的智慧，會成為更好的方案。

2.實施改善時，生產線全員協力是必要的

同樣是好的方案，但由於實施努力的程度不同，其成果也會不同。生產線全員從開始實施起就與班長一起考慮如何做，和完全按照班長所說的去實施，這兩種做法在結果上會有很大的差異。

對於大的改善案，若沒有全員的協力是不行的。只由一個人就能做的工作，不是什麼了不起的工作。

3.班長有培養部屬的義務

我們之所以從事改善活動，當然是爲了達到其目的而提升改善效果。但是，在推行改善過程中所產生的成果，的確有不容忽略的重要因素。

若想推行改善的話，首先必須努力學習技術。另外，一邊多方面的思考，一邊由於工作不順利而覺得艱苦時，就能磨練出超人的毅力和堅強精神，從而取得正確地判斷事物的能力，並體會到人與人之間相處的難處。

因此，透過帶動屬下協同努力，會變成對屬下進行教育和訓練的功用。教育訓練是班長的義務。人們常說：「強將之下無弱兵」。必須把屬下都培養成爲不次於班長的優秀現場人員。

4.在生產線建立良好的人際關係

不管班長一個人在改善中取得了多麼好的成績，若是不能形成由生產線全員集中力量解決困難的協力體制的話，那麼生產線整體的力量則是虛弱的。

現場在每天的生產活動中，必須把品質、產量（交貨期）、成本、紀律、安全等五大任務切實地完成。因此，生產線全員的協力是必要的。

只要是由班長一個人做的做法不改，生產線全員就不會跟隨班長一道前進。俗話說：「一個人十步，不如十個人一步。」

通過面對一個改善目標，由生產線全員共同努力的做法，會在整個生產線裏產生良好的人與人之間的關係，生產線的每個成員都會成長和進步。

十、 圈長要對圈員給予指導

圈長的工作乃是在於領導全體圈員以圖圈的活動之活性化。因此，圈長要具備有種種手法與技術並加以應用。

可是，在此之前的問題是必須具有「品管圈活動是什麼？」的確切的見識。無此見識則非但各種手法及技術均將成為無用之物，而且還會有誤用之虞。這是因為品管圈活動並不是單純的改善提案活動之故。這是以顧客導向的想法為基礎，並以實證的、邏輯的方法實現商品（或服務）品質之提高的活動；而且也是透過此活動來提高圈員之問題解決能力為目的之活動。因此，如果不朝向此一目標去展開活動而僅偏重手法與技術，則將變成只是單純的眼前問題之改善運動而已。結果是不會長久的。

為了避免變成那樣的結果，圈長首先必須就 QC 想法及 QC 的歷史有關的知識，對圈員作指導。這是為了使得能夠對「為什麼公司要實施 QCC？」的圈員之問題或「品管圈活動對我們員工有何價值？」之類的圈員之疑問等作有自信的確實的回答。

在推進委員會所編的「品管圈活動指導手冊」之中，應該對於圈員可能提出的疑問之回答方法或 QC 的歷史等事項都有記載。所以圈長最初必須做的具體的方法可以說是完全精通於此本「品管圈活動指導手冊」。

表 2-2　圈長的自我診斷檢查表

1.有否明確認識品管圈活動的本質，並能作容易瞭解的說明？

　①品管圈活動的經營上目的。

　②品管圈活動對圈員的價值。

　③品管的歷史、品管的想法及品管圈活動的現狀。

2.能否完全瞭解QC手法並驅使之？同時能否將之給予圈員作指導？

　①能否使用統計圖表及檢核表？

　②能否適切驅使特性要因圖、柏拉圖、管制圖？

　③在具體活動方面作邏輯性思考、重點導向及實證的考察？

3.有否率先對圈的活動挑戰，發揮獻身性的活動作法？

　①有否比任何圈員都熱心的活動態度？

　②有否達成作爲圈員間之溝通管道之任務？

　③有否自動接受圈的活動上之各種雜務的處理之協助工作？

4.有無做好圈的活動之領導？

　①作爲領導者的表達力、說服力夠嗎？

　②作爲領導者的固有技術及職務知識有沒有受到信賴？

　③能否在圈的集會或其他場合引導發表意見及綜合意見？

　④有無作成全圈的人都能參加的活動計劃？

　⑤能否給予圈員激勵使全員都能有意願參加圈的活動？

5.有無率先學習新的手法？

　①IE、VE的手法都精通了嗎？

　②會使用PERT於活動計劃嗎？

　③BS(腦力激蕩)法與KJ法等都會使用嗎？

6.有無與有關部門作圓滑的溝通以貢獻圈活動之活性化？

　①有無對上司正確報告圈員的活動情形。

　②有無努力於跟其他國的交流以圖圈活動之活性化？

　③有無有效活用推行委員及幹事會人員以圖圈活動之活性化？

表 2-3　圈長對圈員的指導手冊

1.QC 的理論與歷史

2.QCC 活動的推行組織與圈長之任務。

3.品管圈活動的進行方法

　3-1 活動課題的決定方法

　3-2 圈集會的主持方法

　3-3 活動計劃的訂立方法

　3-4 BS(腦力激盪法)的作法

　3-5KJ 法的作法

4.QC 手法與其使用方法

　4-1 統計圖、柏拉圖

　4-2 檢核表、直方圖

　4-3 特性要因圖

　4-4 散佈圖

　4-5 管理圖

　4-6 品管圈活動可用的各種方法

5.與圈員的問答集

①「爲什麼要實施品管圈這種活動？」

②「加班時間要做這種事會吃不消的。」

③「總之，有改善效果就可以了吧！？」

④「這種事應該由公司來改善的吧！？」

⑤「QC 是自主的活動所以我可以不參加吧？」

⑥「其他部門不改善光我們改善是無意義的啦！」

⑦「每天都已經在拼命做，再要怎樣是沒有道理的！」

⑧「熟練者與未熟練者不該一樣的。」

⑨「與其做圈的會議，不如工作較有價值。」

⑩「只顧收集資料是沒有辦法工作的。」

表 2-4　指導手冊內容之例

與圈員的問答集

在圈的集會及其它的場合，身爲圈長的你，常會受到圈員問你有關品管圈活動的問題。這些問題有時是純因有疑問所發的，也有時是在反抗的意識下發出來的。

請你要經常以正面來接受對方提出的問題並誠實地予以答覆。

這一個問答集是針對你可能遭遇到的問題、反抗、辯解等話，記載了可以供你參考的回答方法者。

例：「爲何要實施這種品管圈活動？」

對這一類的問題，請你要以：

「因爲品管圈活動可以使我們不只是每天在工作而已，更會讓我們感到在做著有意義有進步的工作。同時對公司的經營也有很大的貢獻。○○先生,你不這樣認爲嗎？如果有更好的方法,請你一定將它提出來。」

像這樣,對於對方誠實地提出反問。同時,利用此機會再一次對品管圈活動對我們有何價值交換意見加以確認,絕不要單方面地作決定。

十一、QCC 品管圈會議的問題點

品管圈會議雖然非常重要,幾乎可以稱爲:「品管圈的活動就是開圈會」,可是仍然有種種的問題存在。

幾乎所有的圈都或多或少會遭遇一些問題,例如沒有時間、沒有場所、無法集合所有圈員、不說話、再加上不聽從別人的意見、決定的事項也不做等等;儘是一些以「沒有」開頭的話。同時爲了克服這些障礙都在集思廣益,用心良苦。

爲使圈會不要因爲沒有興趣而不開,那麼就探究一下其原因,看看究竟如何才能使圈會生動活潑而開得起勁？只要能找出原因,即可想出種種的對策。不過,找原因並不是對「不參加開會或無法參加開會」發牢騷,而是希望能養成習慣,對於爲什麼不參加開會,收集大家的意見,一一追求其原因。如此一來圈會應該可以開得成才對。下面列舉在圈會一定會出現的 6 項問題點及其原因:

1.不參加會議、無法參加會議

・業務員的工作在外面,回公司的時間不一致

- 工作現場必須有人留守
- 工作時間因人而異
- 輪班工作
- 經常出差
- 有臨時插入的工作
- 家裏的事情（必須早點回家）
- 討厭品管圈、沒有興趣
- 勉強在做，因此找藉口偷懶
- 沒有預告而突然召集開會
- 自己有想學的功課
- 私人的時間被消磨掉

2.無法抽出時間、時間太少

- 圈長不善於營運（沒有時間觀念）
- 準備不充分，在圈會中才彙集資料
- 因為 1 個人辦不到
- 所以在圈會中求助於大家
- 對圈會的營運採取不合作的態度
- 什麼都想在圈會中做（以為品管圈活動只是開圈會而已）
- 下班時間不一致

3.沒有場所、無法取得場所

- 場所因噪音等而顯得太吵，氣氛不佳，不適合商談（場所的條件不好）
- 場所狹窄
- 會議室經常有人在使用，沒有預留給品管圈使用的時間

- 沒有進行開會的器具（黑板、桌、椅等）
- 沒有能夠自由佈置的場所

4.不說話、不會說話

- 圈長不善於圈會的運作
- 圈會的氣氛不佳，不易作無拘束的發言
- 對議題不感興趣，因為與自己無關
- 有 1 人獨佔發言的情形
- 有對發言挑毛病的人
- 習題無法交卷（太忙沒有時間）
- 不懂圈長或別人所講的內容
- 在資深人員面前，新人不敢講話
- 在多數男性當中的女性，很在意週圍的人
- 害怕提出沒有什麼意義的意見，可能會被別人瞧不起
- 口才不好，不喜歡在別人面前說話
- 被說話聲大的人拖著走
- 掃興而不起勁

5.聽不進去、不想聽

- 縱然提出意見亦無用處
- 談到真正的事，則被反唇相譏
- 談到不正常的事，事後會遭到記恨
- 未根據資料或事實說話（沒有時間收集及整理資料）
- 由於不太瞭解，因此以抽象的語言敷衍
- 盡是臨時想起來（未加深思）的發言
- 情緒化的意見不一致

6.不做、不會做

- 事前調查不充分，無法進展
- 圈長沒有自信
- 沒有利用 5W1H 具體的加以整理
- 不管怎樣都有吹毛求疵或反對的人
- 因為有人想逃避責任，所以無法決定
- 有人討厭或拒絕習題及任務分擔

十二、為什麼圈會無法順利進行

圖 2-3 之特性要因圖是針對「為什麼圈會無法順利進行」的特性，探討其原因系列者。基本上雖已有了一些對策案，希望各位還是再對照一下自己的圈作一番思考。

圈會的問題點及對策：

1.發言者偏於少數人

①開會時要規定任務的分擔

②圈會開始時，要培養輕鬆的氣氛

③對沒有發言的人要指名提出問題

④適當地控制善辯者的長時間發言

⑤每次圈會先決定好議題與目的

2.意見協調困難

①互相說明自己的工作，互相瞭解

②發表自己的意見要有誠意，聽別人的意見要虛心。

③資料的製作工作要由全員分擔

④分段商議,整理意見並提出結論

3.團隊合作薄弱

①圈長要學習領導能力

②培養交談商議的氣氛

4.上司不關心

①要求上司列席圈會

②要求上司提出適當的建言

圖 2-3 「為什麼圈會無法順利進行」之特性要因圖

(1)

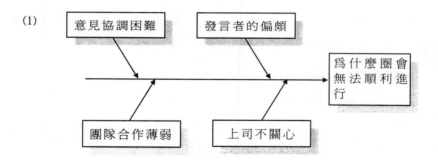

(2)

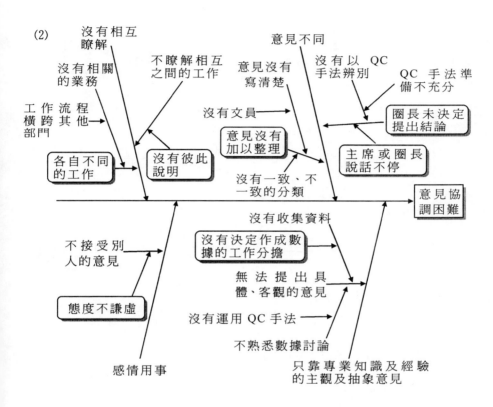

(3)

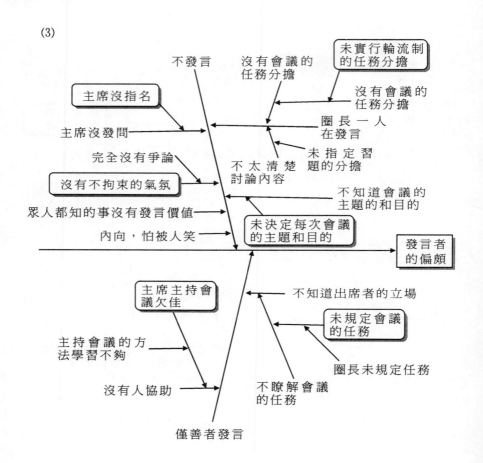

(4)

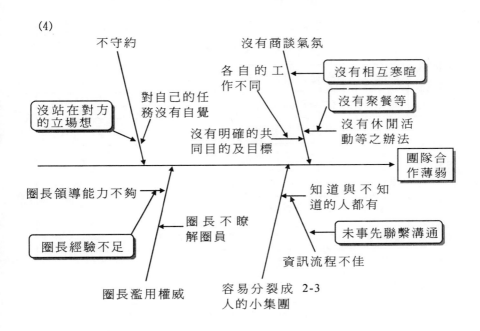

(5)

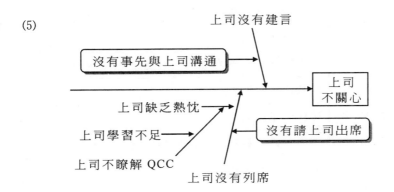

表 2-5 使品管圈會議生效的 20 項訣竅

會議前	要點 1	針對議題加以研究，並整理自己應該發言的事項
	要點 2	負責做完自己所分擔的習題
	要點 3	事先分發的資料，一定要先看過
	要點 4	會議時間不可遲到
會議中	要點 5	自己的意見要充分發言
	要點 6	遵守規定的規則
	要點 7	積極參加討論，並要合作
	要點 8	不可感情用事
	要點 9	不要只顧客自己發言而講個沒完
	要點 10	仔細聽取別人的意風
	要點 11	不可作人身攻擊
	要點 12	不可有妨礙其他圈員的行為(打瞌睡或私語)
	要點 13	不可任意離席
	要點 14	不可嘮叨大談抽象意見
	要點 15	根據事實或數據
	要點 16	不批評圈子員的意見
	要點 17	有效使用發問的方法
會議後	要點 18	檢討一下結論
	要點 19	確實記錄好會議的經過與結論等
	要點 20	反省一下會議中自己的態度

表 2-6　品管圈會議的程序表格代完善

	步驟	圈員	圈長	注意事項
會議前	會議的計畫		• 制定會議計畫 • 會議的目的 • 研討的項目 • 所期待的結果	
會議前	會議的準備	• 任務分擔，課題的實行 • 整理資料 • 按照任務分擔協助圈長	• 進行會議的準備 • 決定會議的日期時間、場所及議題 • 呈請上司核准開會 • 聯絡開會 • 查核任務分擔、課題、資料的進行狀況 • 事先清掃會議場所並準備桌椅、黑板等	• 協調時間使全員都能參與 • 至少一週前（公佈等） • 不要忘記出缺席的確認 • 有缺席者時，先聽取缺席者的意見 • 如有茶點等，心情會比較舒暢
會議時	會議的實施	①會議開始 ②會議 • 積極地發言 • 協助會議的運作 • 不私語 • 記錄人員進行記錄 ③會議結束	• 說明會議的計畫 • 決定會議進行的任務（主持會議、記錄等） • 設法使能活潑地提出意見 • 說話內容偏離時，設法使回到本題 • 總結會議的內容 • 確認已決定事項 • 決定下次會議的日期時間與討論項目	• 製造容易談話的氣氛（同意3～5分的閒談） • 積極地使都能融入會議之中 • 積極地傾聽別人的意見 • 自己發表意見要有要領，使別人容易懂 • 意見不同時，針對不同點全員進行研討 • 具體指示課題及任務分擔

續表

		‧記錄人員作成會議記錄提交圈長 ‧缺席者瞭解決議事項，必要時可說出意見	‧確認會議記錄的內容 ‧根據會議記錄向上司報告會議結果 ‧根據會議記錄讓圈員確認決議事項及課題 ‧對缺席者說明會議的內容	‧明確表示對上司及其它部門的委託事項，並透過上司委託辦理 ‧決議事項及課題以條文式列出交給圈員即可 ‧圈長應反省會議的內容
會議後	會議後的追蹤			

十三、使 QCC 小組內全員都能發言

全員發言的目的是把自己所想的事情坦率地說出來。如果沒有發言，那是因為有其不發言的理由存在。

想要使全員發言，就必須先設法使全員參加。因此應考慮一下容易出席圈會的條件。同時，對於無法出席圈會人員的追蹤也是重要條件之一。如果沒有進行追蹤的話，那麼沒有出席的人很有可能被認為是寂寞的獨行客。

1.全員發言的目的

①大家共同思考，互相貢獻智慧

②出席者全員儘量討論

③仔細聽聽別人的意見

④圈長有效地促進交談之進行

⑤有效運用 QC 七手法

⑥以事實或數據進行交談

2.使全員發言的方法

①指名發言

②依序使全員都能提出一次意見

③認為某人知道的事情，向其發問讓他發言

④以輪流的方式安排司儀、記錄等之工作，使之認識發言的重要性

⑤至下次圈會前讓全員分擔課題，同時於下次圈會時發表，製造全員發言之機會

3.圈長對於全員發言的注意事項

①不斷地留意圈員是否全員發言，設法抑制喋喋不休的人連續發言，誘導沒有發言的人發言

②為使全員看得見已發言的要點，須寫在黑板或紙上，使其次的發言容易出現

③任何意見均不可忽視，一律先予採納

④對於發言內容只許稱讚不許批評

⑤不可根據單獨 1 人的發言而提出結論

⑥時時面帶微笑，態度從容不迫

4.圈員不關心

⑴對品管圈活動不關心，或對主題不關心

• 圈員不瞭解為什麼要實施品管圈活動，只是奉命而不得已出席圈會時。

• 按照上司的命令或指示決定的主題，或是圈長自己任意決定的主題，圈員認為與自己無關時。

(2)有關圈員不關心的解決對策

①有關品管圈活動的目的與基本理念，應舉出具體實例說明，使圈員們認識品管圈活動是對自己非常重要的一項活動。並設法讓圈員參加公司外面的演講會及發表會等，讓其親身體會其他公司的活動狀況。

②加入圈員全體的意見，俾能選定全員所關心的主題。

③解決所提出的主題時，須決定全體圈員的分擔工作（任務）。因為當一個人自覺到自己擔負有責任時，就會拼命努力去做。

5.無法發言

(1)交談內容很難瞭解，因此無法發言

· 內容為只有部分的資深人員能懂的艱深的專業內容時。

· 提出的主題超過圈員的知識與能力時。

(2)有關交談內容難以理解的解決對策

①選擇與圈員的技能及知識相稱的主題。

②主題變大時，往往容易使內容變得難以瞭解。因此須把主題區分成一些小的主題，然後針對每一個小的主題進行研究，循序漸進。

③接受上司及幕僚人員的建言，使能容易地進行。

④講到難以瞭解之處時，應附加說明使別人容易聽懂，或把要點寫在黑板上，努力使全員都能瞭解。

6.圈員的水準偏低

(1)圈員的水準偏低

· 有關固有技術的知識不夠，對於討論內容無法瞭解時。

‧對 QC 七手法及管理與改善的進行方法不瞭解,而無法參
　加討論時。

⑵有關圈員水準偏低的解決對策

①舉辦研習會以便提高有關工作知識;資深人員必須把自
己所知道的事情教導給新人。

②檢討並修正作業標準中不易瞭解之處及說明不充分之
處,同時進行作業標準的再教育。

③舉辦有關 QC 七手法的使用方法、品管圈的進行方法等之
研習會。

7.人際關係

⑴圈內的人際關係不順暢, 互相協助的意願薄弱

‧上級人員的權力過大,擔任要職者與資深者擁有絕對的
　發言力,已經造成其他的人沒有說話餘地的現場氣氛時。

‧圈員當中的反抗班長（反抗領導者）已具有作用,同時
　已形成派系而在心中表示抗拒時。

‧對於發言採取強烈批語與攻擊的態度,圈員具有一種意
　識,認為一不留神而發言即可能被凌辱時。

‧所謂禍從口出,具有誰提出意見就好像必須由發言的人
　自己去做的這種氣氛時。

⑵有關人際關係不順暢的解決對策

①讓大家瞭解品管圈活動,必須不分上司與部屬或資深與
新人,全員均須站在平等的立場交談才有意義。同時使圈長致
力於率身實踐此一觀念。

②領班或圈長須反省自己日常的言行是否有不週全之處,

而且應極力去聽取部屬的不平與不滿。

③為培養人和，平常即應注意實施休閒及運動等之活動。

④仔細傾聽圈會上所有的發言，對於所提出的意見不可作批評或攻擊，同時須注意以笑臉聽取發言。

8.圈會的進行方法

(1)因圈會的進行方法不當而無法發言

- 沒有把圈會的目的明確地通知全員即進入討論，同時在其他的人尚未瞭解發言的內容時圈會即繼續進行時。
- 總是僅以部分圈員的發言即決定結論，因此其他圈員具有「反正，即使我發言也……」的意識時。

(2)有關圈會進行方法不當的解決對策

①預先把圈會的目的明確地通知全員，讓圈員事先確認能出席圈會。同時把發言的內容要點寫在黑板或紙上，一面確認是否全員都已正確瞭解，一面進行圈會。

②使用黑板或掛圖、OHP 等來作說明，使容易瞭解。利用相片或實物以提高大家的興趣。

③如一面把提出的意見繪製成特性要因圖，並一面繼續進行圈會，則由於發言的內容已被整理出來，因此沒有察覺到的事會陸續浮現，發言即變得活潑。又，此時須遵守腦力激盪法（Brain　Storming）的 4 原則繼續進行圈會。

- 不批評發言
- 任何意見都可以提出
- 發言愈多愈好
- 利用別人的意見聯想（搭便車）

---

④致力於使全員發言。同時，記錄各圈會的發言率，並公佈結果使能重視發言率的提高。

$$發言率（\%）= \frac{圈會上積極發言的人數}{出席圈會的圈員數} \times 100\%$$

9.圈會的意義

(1)因圈會意義淡薄而不發言

- 圈會經常都只是在閒談之中結束。或是始終都在談理想論，致圈員不想發言時。
- 圈會的目的沒有意義或不明確時。
- 圈會所決議事項皆未實施過時。

(2)有關圈會的意義淡薄的解決對策

①把具體的問題當作主題來表示。進行交談時一切以根據數據的事實爲核心，不要用任意的想像或臆測發言。

②圈會上所決定的對策，須確實擬定實施計畫，並注意要按實施計畫進行。

圈會的條件：

- 有計劃地由大家決定圈會的時間
- 決定容易記住的日期，如生日、每週（五）每月初三等
- 輪流擔任會議準備的工作
- 短時間作有效使用，使圈會次數增多
- 對於不喜歡參加的人，可鼓勵他擔任圈會的主席或記錄

對缺席者的跟催：

- 圈長利用休息時間等，仔細聽聽缺席者的想法，然後在

圈會席上代替說明其意見

・請缺席者把自己的想法寫在便條紙等之上面

・圈長要多抽出與缺席者交談的時間，緊密聯繫

・由圈會主席說明缺席者的缺席理由，以獲得大家的諒解

・將會議記錄交給缺席者參考，使其瞭解內容

十四、使不說話的人也會說話的要點

在工作單位裏，或是品管圈的圈員當中，一定會有沈默寡言的人存在。如果因為這些人不發言而忽略他們，進行討論的話，那也是令人擔心的事。使不喜歡說話的人開口說話，雖然不是什麼特別的事，但是也可以當作品管圈活動的成果之一。

何謂不說話的人：

・對表達能力持有不安感的人

・對自己的意見沒有自信的人

・不善於說話的人、或不喜歡說話的人

・有講方言或口吃而具有自卑感的人

・缺乏合作意願的人

・不關心，置之不理的人

・讓別人先講然後自己再講的人

・有私人心事的人

・廻避某些特定人物的人

・心情不好的人

・反對主席或圈長的人

- 新人而不習慣的人
- 說話之前很謹慎，屬於沉思類型的人
- 思考較慢而趕不及討論的人

圈長必須先瞭解一下不發言的原因何在。並且使用便條紙或發言卡等試試看，也可以從這些人有興趣的話題拉開序幕，然後再進入主題，以培養易於發言的氣氛。

又，開始討論主題之前，圈長必須設法使圈員有討論的意願。因此，使圈員確實瞭解交談的主題與目的是十分重要的。

(1)使能對主題具有興趣與關心而引起注意

(2)謀求對主題的共同瞭解

換句話說，就是在此一主題之中，自己能做的是什麼？那些事項的目的是爲了自己？與自己的工作有什麼關係？應如何合作等，將這些重點讓每一個人都能明確地把握並弄清楚。

凡事欲有效地進行，都需要有相對的準備與事先的聯繫；同樣的，圈會也需要有相對的事前準備。

下面是某品管圈的實例。據說該圈於圈會之前必先做一項趣味問答，他們稱之爲頭腦體操。大家在尋求謎題的解答過程當中，嘴巴也張開了，於是能順利地進入主題。

圈會是有全員發言才有意義的一種活動。以什麼方法來培養出氣氛，圈的智慧便在那裏發揮出來。

(1)準備工作的項目之一是提出供討論的腹案

「圈會的目的是這樣這樣，那麼，請開始發言吧！」，如果只是簡單地這樣開口說句話便想有圈員發言，那是很難的。如果有了即使是不很精細的發言要點之腹案，也仍然會使討論很

順利地進展下去的。

「以各位平時的意見作為參考（如事先收集更佳），製作了腹案作為討論的原案請大家看看怎麼樣？」，在這樣的談話聲中開始進行圈會。如這樣的話，自然會附加創意上去的。

⑵利用黑板、圖表引導出發言

全員坐在會議席上面對面時，即使有親密的感情，一到討論的時候，也會產生緊張感。在那種情形下，可利用黑板的文字來緩衝一下。以黑板為媒介，互相之間的交談即可連接下去。

此時，千萬不可忘記，任何發言都必須寫在黑板上。

⑶批評也是意見

對於已經有結果的意見之批評，任何人都會。在資訊化社會當中，我們都具有相對的知識，如果把所瞭解的事項與意見相對照的話，自然會有不好的批評出現。批評反而有可與對策連起來的一面。批評雖然被認為是一項禁忌，但是，如果把批評欲當作交談的一個突破處，好好地加以利用的話，也是一種巧妙的智慧。

⑷考慮讓每人都分擔圈會有關工作，而全員負責全部工作

任何人只要覺得自己受到重視而對其有所期待，並擔負有責任的話，都會拼命去努力的。

主席、記錄、時間控制人員、聯絡人員、黑板書寫人員、會場人員、資料人員、接待（茶點準備等）人員等，需分擔的工作多的是。這些工作也可以採取每月輪流的方式進行，同時亦可謀求各個立場的相互瞭解。所謂的任務（工作）分擔就是「大家都擔任主角」。

⑸培養氣氛也是重要的準備工作

從緊張到鬆懈，圈會開始時的氣氛非常重要。以大家的共同話題爲基礎，利用「閒聊方式的熱身運動」拉開序幕，然後再進入本題。因爲不是公司的正式會議，所以須注意使圈會經常保持有笑容。

十五、籌畫 QCC 圈會的 10 項查核表

圈會的準備工作如果進行得順利，圈會本身亦將趨於圓滿，參加者的情緒亦隨之旺盛起來。因此，參考準備的要項（表2-7）來進行準備工作也是重要的注意事項之一。

1.明確表示圈會的議題與目的

圈會結束時，應先決定下次圈會的確實目的與日期時間。也要顧慮到無法出席的人，緊密聯繫，使沒有資訊的差異發生。

圈會的召開有其目的，根據目的之不同，準備的方法亦異。如果目的是資訊的傳達，那麼，使用什麼資訊？什麼資料？由何人如何地傳達？該資料由何人來準備？又如何彙集整理？還有收集構想時，是使用腦力激盪法嗎？如果是的話該準備什麼東西才好呢？……必須準備的事項多得不勝枚舉。

2.事先研討的任務分擔（各自的課題確實做完）

課題沒有完成而無法交卷的圈會，會發生浪費時間、以及談話的內容僅止於表面性等的種種現象。完成自己的責任，是使圈會充實的重大因素。

爲使圈會有效地完成，對於根據此一任務分擔的課題，如

何巧妙地進行，已經成為重要的項目。

　　什麼人在什麼時限須做什麼事，可以根據主題的內容，一一找出必須調查的事項，同時並有將之分配給各圈員的必要。圈長當然必須確實地進行追蹤的工作。

表 2-7　圈會準備的查核項目 10 項

查核項目	內　容
圈會之目的是否明確	·圈會的目的須全員都徹底瞭解
議題已經決定，是否聯絡到全員	·對圈員之聯絡 ·對上司之聯絡與承認 ·對有關部門之聯絡
會場是否確保	·再度確認預定時間內是否沒有障礙而可以使用 ·注意黑板、圖表、OHP 等之準備
日期時間是否適當	·確認一下圈員之情況 ·開會、閉會時刻之明示
進行的準備是否良好	·預先決定主席、主辦人員及記錄人員
資料是否準備妥當	·確認一下課題等之資料是否全員都準備妥當 ·準備分發的影印資料、說明的圖表及 OHP
是否已再度確認預定參加人員	·亦包括列席人員之確認 ·考慮有了缺席人員時之對應措施
有否想出使全員發言的方法	·是否必要決定座位的安排（不要讓發言的人都聚在一起） ·任務分擔的辦法
是否使會議記錄保留下來	·決定什麼事項、由什麼人去做等，可以利用5W1H法 ·向上司報告
是否對缺席者有所關懷	·考慮何時、何處、以何種方式進行圈會內容之說明，以及分擔任務之說明

如何在圈會的場合發揮所期待的任務，雖有待於圈員各自的自覺，然而該怎麼辦才能讓圈員有所自覺，此點亦有下工夫研究的餘地。

十六、QCC 的會場準備查核項目

(1) 圈會的進行

- 明確表示圈會的目的
- 作成圈會的進行時間表（明確決定開始時刻與終了時刻）
- 考慮目的及主題的提示與說明方法（資料、圖表、OHP）
- 事先確認一下輔導員及圈長的意見

(2) 參加圈員

- 明確地告訴圈員須事先想好的是那些事項
- 想想有沒有事先要發給圈員的資料，或圈會時要分發的資料，另外有沒有需要圈員準備的資料
- 想想所分發資料的處理（讓圈員帶回去、收回、須用碎紙機處理的機密性資料等）
- 發出開會通知，確認出缺席人數
- 如有缺席者，考慮如何追蹤

(3) 圈會開會場所

- 確保符合圈會目的之場所
- 確認場地是否有其他的干擾或影響
- 考慮桌子、椅子、黑板及 OHP 等之佈置視實際需要準備並佈置一些小器具（粉筆、黑板擦、指示棒、模造紙、

奇異筆、玻璃膠帶、圖釘、筆記本、便條紙、鉛筆、橡
皮擦、OHP、clear sheet、答錄機、名牌、煙灰缸等）

- 決定茶點的準備與處理方式
- 考慮電話的傳達及對呼叫的對應措施

表 2-8 會場準備的查核項目

查核項目	內 容
會場的大小	·太小則不舒暢，太大則無法集中
會場的噪音	·噪音過大會招致效率的降低 ·注意不易察覺的低音
會場的明亮度	·太暗則氣氛變壞
會場的室溫、通風	·太熱、太冷均缺乏集中力 ·香煙的煙霧彌漫會場將使空氣變壞，因此通風甚為重要
桌子、椅子的有無	·如果有人沒有坐椅或桌子就很麻煩 ·勉強靠得太近則不舒服
黑板、粉筆、黑板擦、圖表、奇異筆、玻璃膠帶	·準備有了遺漏，會妨礙圈會的進行 ·確認粉筆的長短、及奇異筆能否書寫
張貼圖表的空間	
OHP、銀幕的有無	
洗手間的有無	·洗手間的遠近
電話的有無、傳達	·沒有電話比較好，「電話鈴一響，總要有人聽電話、叫人、本人出來、談話」這樣很明顯的會妨礙會議的進行
煙灰缸、茶水	·用瓦斯或電熱壺燒開水、喝茶的紙杯、煙灰缸的煙蒂盒

第三章

品管圈如何解決問題（一）：

QCC 的技巧

方法一、簡單而多用途的圖表法

圖表，是能夠將眾多的數據歸納整理，並在視覺上造成效果的最簡單的方法，只要看一眼就可以讀出實際狀態和分析的結果，圖表的優點列舉以下的項目：

(1)只要看一眼，就可以抓住所有數據的大概。

(2)可進行數據的對比。

(3)可爲看圖的人帶來趣味，又容易瞭解。

(4)製作容易。

此外，圖表也有許多不同的種類和用途。所以，要將數據作成圖表的時候，有必要考慮配合其各種目的，什麼種類應該做什麼圖表等等。例如：(1)爲了分析資料而做……分析圖；(2)爲了管理而做……管理圖；(3)爲了說明而做……說明圖；(4)爲了記錄而做……記錄圖；等等。

表 3-1　使用曲線圖表的種類和特徵

種類	形狀	目的	特徵
直條圖表	ABCD	比較數量大小的圖表	將一定幅度的柱子排列起來，根據柱子的長短可比較出數值的大小。
曲線圖表		可看出數量變化狀態的圖表	根據曲線的高低，可比較出數值的大小，同時也可容易瞭解由時間的經過所產生的變化。
圓形圖表	其他 E A D C B	可看出細分的比率	用一個圓表示全體，以相當於細目部分的比率，切割出一個個的扇形。如此一來，就能更容易瞭解全體和部分，部分和部分的比率。
帶狀圖表	A B C D E	可看出細分的比例	同一個細長的長方形長度來表示全體，以相當於細目部分的比率切割出來。和圓形圖表一樣，可瞭解全體和部分、部分和部分的比率。但是帶狀圖表的製作不需要分度器。
日程安排者	月日 名 A B C	是使用在日程計畫及日程管理上的圖表	在縱軸中記上實施項目，橫軸中記上月日。以細線將計畫記入，並以粗線記在實線上，用以檢查工作是否有按照計畫進行。
階段形圖表	元 85 70 55 40 0 50 100 150 200g	可表示出連續變化的數字及階段式變化的數字之間的關係	郵寄物品的費用，是每增加 50g 就要多收 15 元。這種情形下，可將費用記在縱軸上，將重量記在橫軸上，畫成一個階段形的圖表，根據重量來決定的費用就可一目了然。

方法二、在重點指向上發生極大功用的行列圖

擔任品質管理的重點指向解釋就是行列圖。也就是說，在工作場所的問題點裏面，這種方式能夠使應該自何處下手解決的問題一目了然。

所謂行列圖，便是將不良、缺點、故障等各種項目分門別類，照著數量大小的順序排列之後，再將加在大小順序行列圖的製作方法如下的順序。

(1)決定調查事項，整理歸納數據。

(2)整理資料，並計算累積數。

(3)在圖表用紙中記上橫軸和縱軸，並作出直條圖表。

(4)畫上累積曲線。

(5)在右端加入縱軸，並記上刻度。

(6)記上圖表題、期間、數據數量的合計（N）、製作者姓名等必要事項。

(7)儘管把縱軸和橫軸作成一樣的長度，最好把直條圖表加入正方形的中間。

圖 3-1 客飯菜式銷售線道的菜單行列圖

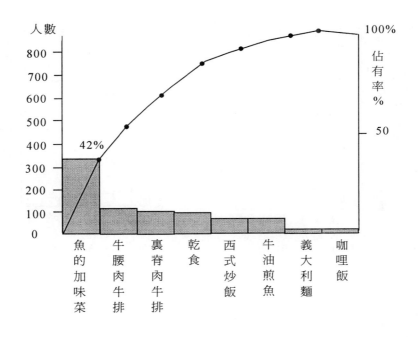

圖 3-2　改善前後的行列圖

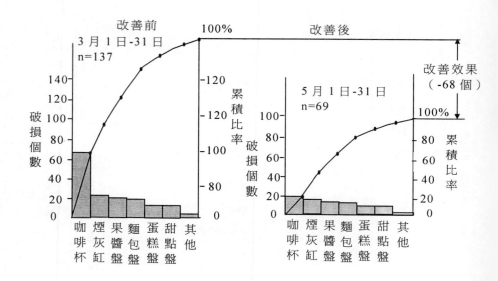

方法三、列出原因和結果關係的特性要因圖

　　特性要因圖可將問題的結果（特性）及影響其特性的原因（要因）之間的關係，作一個有系統的整理，是一種易懂的圖形。

　　特性要因圖的特色，是針對發生中的問題，將相互關連的要因及原因整理歸納之後，再用具體的圖形表示出來，因此非常容易瞭解。而且，在應該做出對策的問題發現上也很方便。再者，一旦將這些項目的實際狀態數據化，並作成行列圖之後，

116

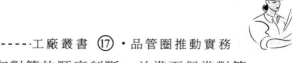

就會比較容易做出應有對策的順序判斷，並進而促進對策。

在考慮原因的時候，一般是概括的分為四個 M，也就是 Material（原料、材料）、Machine（設備、裝置、道具）、Man（人、能力、熟練度）、Method（作業方式、技巧），再分別地探求其原因。

在已記入的各要因中，選出一些你認為對特性影響最大的，或是最重要的原因之後，可用紅色圓圈括起來。

這個特性要因圖不僅僅是要因的解析，同時在問題點的發現上也能夠充分地活用，如果學會了製作的方法，在其他方面也會帶來許多的便利。

圖 3-3　特性要因圖

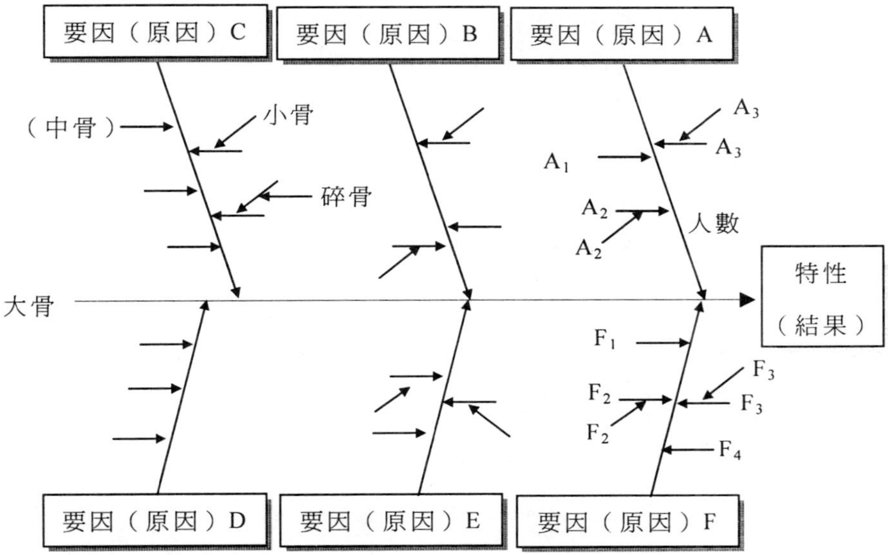

要因（原因）C　　要因（原因）B　　要因（原因）A

（中骨）　　小骨

碎骨

A_3
A_3
A_1
A_2　人數
A_2

大骨

特性
（結果）

F_1
F_3
F_2　F_3
F_2
F_4

要因（原因）D　　要因（原因）E　　要因（原因）F

圖 3-4　「沒有食物方面知識」的特性要因圖

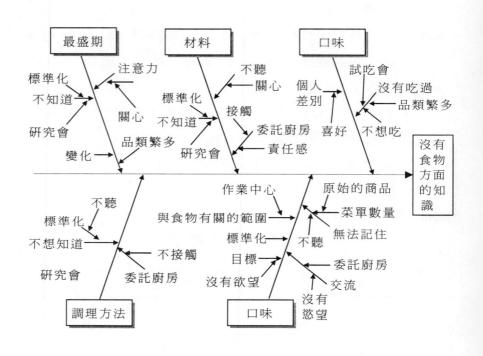

方法四、用檢查表來評價

　　檢查表是在評價工作上的成果時，又無法取得客觀的數據的情況下，一種相當有幫助的評價方法。

　　所以，檢查表用在不容易作成數據的服務品質的計量化上也很有幫助。而且，實際上所使用的檢查表，可以很容易地取得數據，但是要使數據容易整理，而且，毫無遺漏又合理地檢查所有的核對總和確定項目的話，就必須做事先的設計。

檢查表活用的要點如下：

(1)選擇具有目的的檢查表。

(2)儘量保持簡單。

(3)要不斷地檢討檢查的項目。

(4)要預先將檢查的時間和方法做成規則。

(5)檢查項目要配合作業的順序。

(6)要事先將資料的來龍去脈整理清楚。

(7)失去日期的時候要採取行動。

表 3-2　餐廳的時間帶別和菜單銷售完畢的檢查表

	7：00- 9：30	9：30- 11：30	11：30- 2：00	2：00- 5：30	5：30- 9：00	計
西式客飯(A)	|||						卌 卌	14
西式客飯(B)	||		||		||	6
日式客飯(A)	卌 卌		卌		卌 卌|||	28
日式客飯(B)	卌 ||		||		卌 卌|	20
牛排餐			|||		||	5
漢堡餐			卌 卌|		卌||	18
烤肉餐			卌			5
咖哩飯			卌 卌||	||		14
西式炒飯			||||	||		6
義大利麵(A)			卌 卌				11
義大利麵(B)			卌 卌||			12
三明治			卌 |||	|||	卌 卌|	22
……						
蛋糕	卌 ||	卌 卌		卌 卌||		24
咖啡	卌 卌 卌			卌 卌		25
……						

方法五、柱狀統計圖可瞭解分佈的情形

　　柱狀統計圖可將資料的存在範圍劃分爲若干段，計算各段落中數據的出現度後，做成一個度數表，然後再把這些表製成圖形。

　　柱狀統計圖是由天才數學家高斯（1777～1855 年）所發明，他是根據正規分佈的概念創造出來的。也就是利用正規分佈的自然法則，當數據收集達到五十以上時，將資料做成數量多少的排列，便會形成正中央的高山圖形（正規分佈）。

　　當你將工作場所中，有關的問題資料做成柱狀統計圖時，在這種正規分佈的狀態中，如果數據部分沒有出現起伏圖形的話，便可瞭解問題點就出在那個地方。

　　圖形是用小方格紙或是適當的用紙，在橫軸劃上特性值，縱軸上劃上度數的刻度，用柱子的高度來表示各段所屬的度數。

　　柱狀統計圖的任務：

⑴可更易看出分佈的狀態及分佈的情形。

⑵可知道在中心點的資料有多少數值，或何種起伏圖形。

⑶可知道是以何種形式分佈。

表 3-3　柱狀統計圖的形式和理念

名稱、形式	檢查重點
(a)一般形	一般所出現的形式。
(b)拔牙型	檢討看看段落的幅度是否已作成測定刻度的整數位,和測定者的刻度讀法是否有任何的毛病。
(c)右下端降落型 （左下端降落型）	以理論及規格值來抑制下限,同時會出現在一些數值以下的值量,不予以採用的情形中,會引起一些不純品的成分,幾乎要接近 0%的情形,及不良品數和缺點數等接近 0 的情況。
(d)左絕壁型 （右絕壁形）	會出現在將不符合規格的東西,全數選出區別之後去除的情形中。 另可檢查是否有敷衍的測定,檢驗錯誤及測定誤差等情形。
(e)高原型	會出現在混合了若干分佈的平均值有些許相異的情形中。 可作成不同層次柱狀統計圖,再進行比較。
(f)兩山型	會出現在混合了 2 種分佈的平均值相異的情形中,例如在 2 台機械之間,和 2 種原料之間有所差異的時候,作出不同層次的柱狀統計圖以後,便可瞭解其不同之處。
(g)離島型	會出現在一些不同分佈的資料,略為混合的情形中,檢查資料的來龍去脈之後,再檢驗測定是否有誤,以及是否有混入其他的資料。

方法六、異常狀況的管制圖

製造業中製品的品質，和我們在日常生活中所從事的工作，有某種特性值用來判斷結果的好壞，那種特性值就是玫瑰圖案。造成這種起伏圖案的原因，可分為以下二種：

(1)偶然原因造成的起伏圖案。

(2)異常原因造成的起伏圖案。

在工作上面，必須發現並去除這些原因，而且不再因為同樣的原因使工作發生第二次的起伏現象，這就是品質管理。

為了找出這種異常的變化，因而使用了基礎方法之一的管理圖。

管理圖是根據一堆數據的大小、數據取得的方式及層次的做法，而在異常的檢查能力上產生極大的差別。因此，當一個管理圖完成時，尚不能就此滿足，最重要的是必須將使用數據的方式作成各種不同的變化。

一旦自管理圖中發現脫離了管理界線（UCL、LCL）時，必須立刻尋求原因，並謀求對策及處置的方法，才是管理圖的正確使用方式。

圖 3-5　表示管理狀態的 $\overline{x}$ －R 管理圖

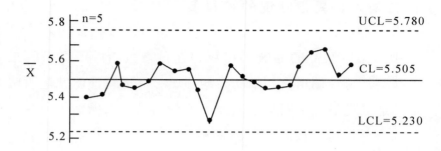

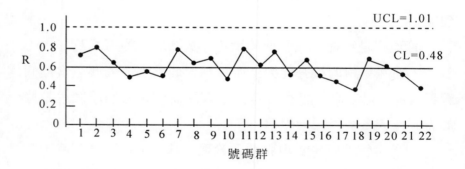

圖 3-6　異常原因造成的起伏圖案

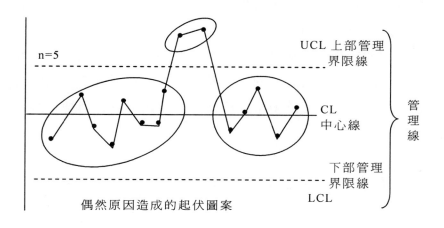

方法七、散佈圖可以得知數據之間的相互關係

所謂的散佈圖，就是將兩種對此的數據畫上橫軸和縱軸，再打點上去製作而成的圖，其目的是一看到打點的分散狀態，便可知道兩種數據之間有無關連，及其關連性的大小。

在利用身高和體重、年齡和血壓時，就會產生高度的正面相關性。旅館業和餐飲業中，爲了測量顧客的滿意度，可以使用於食物的種類和讓顧客等候的時間，或時間帶和讓顧客等候的時間上等等。

此外，散佈圖也適用在探求光臨客人及總營業額之間的相關關係。要想研究出光臨客人或一天的營業金額，是如何地隨著日期的不同而改變時，曲線圖表是很合適的。另外，要想知

道這些特性值是如何地隨著營業店的不同而有所差異時，就可使用直條圖表。但是，要想瞭解光臨客人總數和營業額二者之間特性值的關係的話，就只有仰賴散佈圖了。

做成散佈圖的兩種數據，有原因和特性質之間、原因彼此之間和特性質彼此之間的三種關係。尤其在原因和特性值之間的關係裏，可以正確地掌握住什麼（原因）會對何種結束產生影響的程度。

方法八、關連圖可表達因果關係

所謂關連圖，是針對原因和結果，目的和手段料纏在一起的問題。根據理論，將那些關係連接起來，藉以瞭解問題的一種方法。

這種方法可由幾個人的小組，在經過數回修改關連圖的過程中，獲得成員一致的意見，這在探索問題的核心及引導解決問題的方法上極具效果。

製作關連圖的重點如下。

(1)不可草率的劃上標籤。在標題方面，必須在全體成員充分地溝通之後，才能獲得問題點的共通認識。

(2)一張標籤並不具備二種以上的意義。

(3)標籤上面不僅僅是名詞，亦可用簡潔的句子來表示。最好能儘量使用未加修飾的表現法。

(4)相同內容的標籤只可以使用一張。以箭號連接到其他的關連上。

(5)自各種角度抽出被認為是與結果有關的原因。

(6)儘量不要讓同一個箭號表示出來的原因和結果之間在內容上偏離的太遠。

方法九、 實行奇特概念的系統圖

系統圖和前面的關連圖一樣，它的特徵是能夠根據標籤製成。因此，可以輕易移動特性要因圖。

所謂的系統圖，是先設好目的、目標和結果等終點，再展開為了到達終點而不擇一切手段及策略的方法。

系統圖法的優點是，很容易測量出成員的意見統一度。為了更容易整理出方法，以便達到一目了然的目的，因此又具備了對關係者的說服力。以下便是製作系統圖的重點。

(1)聚集了具備不同性質之經驗和知識的人們。可以更容易獲得新的概念。

(2)努力活用新概念，並培養這種努力的態度。

到了有可能實行一些奇特的概念時，就可以期待更多的效果了。

(3)一旦決定了基本的目的，就要確認更上面的一個目的。

(4)方法不足時，一定添補上去。

(5)削除大家認為不需要的方法，並修正表現不佳的部分。

(6)展開方法一直到獲得有可能實行的標籤。

圖 3-7　品質保證的系統圖

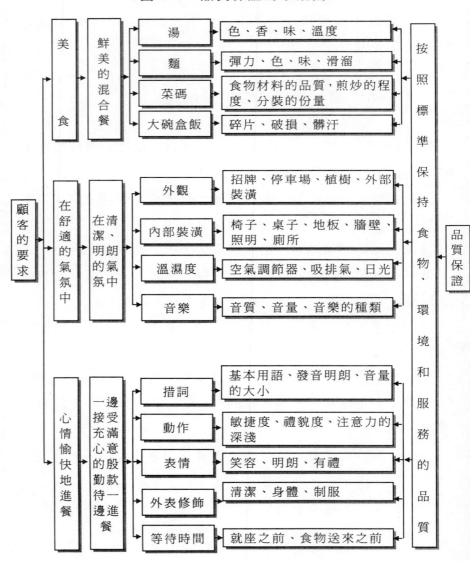

128

圖 3-8　運用笑容攻勢的系統圖

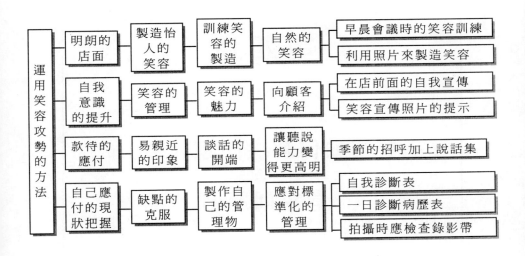

第四章

品管圈如何解決問題（二）：

尋求問題點

一、 加強問題意識

在你的工作場所中，難道沒有潛在性的問題嗎？QC 小組活動之所以變成「休眠小組」和「休止小組」的最大原因是，欠缺發現問題點的 QC 意志概念。也就是說，許多的小組成員往往會有一個毛病，那就是「無法發現問題點」。

要想發現具有價值的問題點，不一定非得是高職位的人，或是在專門技術上極為優秀的人。也許那些人們能夠更容易發現問題點，但是，最重要的關鍵卻是，對問題的意識能力是高不是低。

一般說來，工作場所就是問題的寶庫。因此，在工作場所最前線工作的人們，固然有更多直接接觸問題的大好機會。只不過，由於缺乏問題意識，實際上有許多人都是視而不見。

如果光靠上司說些什麼，我就做什麼的觀念度日的話，就不會產生自發性地提出問題點的意識了。

而且，有的時候也會聽到一些薪水階級的人們，以一種宛然是批評家的姿態說：

「我的情報交流不夠好──」或是「課長什麼也不懂，即使我向他報告，也不能解決問題呀。」

但是，雖然如此，有關工作場所的問題點，還是沒有任何具體的對策，只得任其棄置一邊，甚至不會出現在表面上。

像那些不想做的人、只有自己才是最好的人、流於懶惰的人、認為自己的做法是絕對正確的人、想要除掉所有別人責備

言論的人、和沒有問題意識的人等等，要想發現問題將會非常困難。要工作場所的問題點，當然是在工作第一線的人比較容易發現。

二、把「為什麼？為什麼……」重覆五遍以上

表 4-1　工作上有許多不滿

責任對象	上司應該做的事	自己應該做的事	別人應該做的事
公司全體的問題	報告書太多 預算太少 會議太多 營業額標準太高	標準化太老舊 沒有許可權 沒有工作的價值	沒有生產費用的意識 沒有建設性的意見
自己工作場所的問題	指示不明確 光是斥責缺乏讚美 回避責任	為什麼只有這裏是一片空白	不給予協助、連結不充分
其他的問題	沒有領導能力	不懂預測將來	怨言太多

對於問題和要因的深思，要執行的徹底。當旅館、餐飲業的經營者、管理者談起有關 QCC 的話題時，許多人這麼說：

「在我的公司裏，若出現問題的話，都是大家一起討論解決，所以沒有特地舉辦 QCC 的情形。」

「我的公司裏面，沒有那種可以拿來當作問題的大麻煩。」

如果真的沒有任何問題的話，自然是值得慶倖的事，但是實際上有許多的問題都是潛在地隱藏著，只不過沒有明顯地突

顯出來罷了！但是，許多的經營著和管理者都不瞭解這種情形。

　　愈是大企業，董事長和負責人愈是顯得高高在上，董事長的想法愈難滲透到工作場所的各個角落，而在工作場所第一線工作的人員的困擾也就愈難傳達到上面去。

　　沒有問題，其實就是最大的問題。對同樣的現象，有的人會把它當作問題，但也許別人就認爲那不是問題。一旦立場和環境改變，問題也會隨之改變。

　　那是爲什麼呢？問題這個東西本來就是隨著人的觀念、立場、環境的不同，而有相對性的決定。

　　問題可分爲以下三種。第一種是「看得見的問題。」等到「有人抱怨」或「發生了事故」的時候，才產生問題意識的話就太遲了。所以必須在此之前，先將問題點擊潰。這便是第二種「尋找問題」。在營業額減少和客人減少的情形明顯化之後，要克服這種問題便需要花上相當大的勞力。而且，要恢復曾經失去一次的信用也會非常困難。這些問題就要其在變成表面化以前除去。

　　結果一定有原因，而結果不過是一種現象罷了。但是許多人往往不尋求原因，反而只限於表面上的現象尋找而已。

　　「爲什麼客人沒有增加呢？」

　　「每天都這麼忙祿，爲什麼營業額的比率卻沒有增加呢？」針對所有現象都要抱持疑問，是很重要的習慣。

　　爲了找出這種現象，也就是與結果有關的原因，如果沒有深刻地思考「爲什麼？爲什麼……」，並重覆五次以上的話，便無法涉及真正的原因。

更進一步，「雖然現在還不是問題，但是將來也許會成為問題」，因此必須未雨綢繆地做好準備。例如：計畫促進銷售方案和結果，以謀求營業額和客人增加的戰略，這部分便是第三種「製造問題」。

三、細心的觀察以瞭解事實

品質管理活動中相當重要的一件事，就是要確實地瞭解事實。為此，首先要做的，便是仔細地觀察事情的原委。

在旅館業和餐飲業中，要想瞭解事實，就非得從日常的服務方式和工作的方式開始仔細觀察不可。

在仔細觀察之後，有以下幾件重要的事情：

⑴用坦率的心來看

也就是不以先入為主的觀念來看事情。例如：在沒有十分確定的事實前，不會斷言「這件事沒有問題」。

⑵懷有目的地看

預先清楚地決定好，想要瞭解何種事實之後，再進行觀察。

例如：清清楚楚地將目的定為──工作場所的整理和整頓進行得如何。

⑶要毫無遺漏地看

不要雜亂無章地看。要慢慢地花點時間，從上下、左右、斜邊看起。

⑷要擴大來看

要一邊將空間擴大，一邊將時間延長來看。

⑸要比較地看

要在比較過 A 和 B，或是 A 和 B 和 C 以後再看。例如：在比較過 A 先生和 B 先生的服務方式後，就能清楚地從各種層面瞭解其不同之處。

⑹正確地表達看過以後所得到的事實

將自己的觀念加在看過以後所得到的事實上，而不可加入個人的感情，坦率地就所見之事表達出來。

以上是幾種觀察的方法。

總之，為了尋找問題點，最重要的是對於所有的問題都要從這種觀點出發，仔細地觀察，根據觀察來瞭解正確的事實中，這就是品質管理活動的第一步。

四、正確地瞭解顧客的滿意程度

餐飲事業的意見調查表

在餐飲業中所有的服務項目中，正確地掌握住顧客的滿意度是非常重要的，但是那幾乎是不可能的事。因為「滿意度」的尺度是種主觀的概念。

而且，一般說來，顧客的不滿，是種隱藏性的情緒，往往有許久也不會表現出來的傾向。

因此，掌握住那些顧客的滿意度以後，若發現有任何不滿的地方，將其作成下面的顧客意見調查表，藉以瞭解問題點究竟在何處。

表 4-2　新開幕飯店調查表

	入店	出店	店名	姓名

（一）關於人的服務

a）服務人員個人

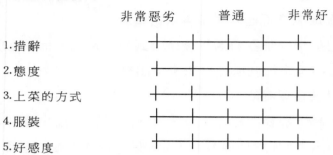

　　　　　　　　　　　非常惡劣　　　　普通　　　　非常好

1.措辭

2.態度

3.上菜的方式

4.服裝

5.好感度

b）團體合作（服務人員全體的氣氛）

　　　　　　　　　　　　　非常多　　　　普通　　　非常少

1.移動中的磨磨蹭蹭

2.等待期間

聊天　　　　　　非常多　　　　普通　　　非常少

昏頭

小心

其他

3.等待時間

　　　　　　　　覺得非常長　　普通　　覺得非常短

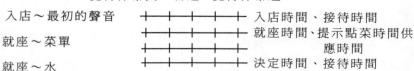

入店～最初的聲音　　　　　　　　　　入店時間、接待時間

就座～菜單　　　　　　　　　　　　　就座時間、提示點菜時間供
　　　　　　　　　　　　　　　　　　　　應時間

就座～水　　　　　　　　　　　　　　決定時間、接待時間

點菜的決定～注意到

c)實驗(點好菜一分鐘以後,揚起手來再點一次菜〈飯後紅茶〉

1.點菜的決定～注意

①立刻注意到②隔了一段時間才注意到③採取第二種方式後才注意到④沒有注意到

2.注意到以後～開始服務

①立刻過來服務②做完自己的工作以後立刻過來服務③做完了自己的工作後又隔了一段時間才過來服務

3.確時性、準時性

是否毫無差錯的端上紅茶了呢?　　①端上的是紅茶

　　　　　　　　　　　　　　　　②端上不一樣的東西

準時性　　　非常差　┼──┼──┼──┼──┼　非常好

（二）評價　　　　　　　普　　通

(a)綜合非常弱　┼──┼──┼──┼──┼　非常強

(b)食物非常不好　┼──┼──┼──┼──┼　非常好

(c)服務非常不好　┼──┼──┼──┼──┼　非常好

(d)氣氛非常不好　┼──┼──┼──┼──┼　非常好

使用日期＿＿＿＿＿＿＿＿＿＿＿＿＿＿　時刻

請寫下您的意見和評語

＿＿＿＿＿＿＿＿＿＿＿＿＿＿＿＿＿＿＿＿＿＿

＿＿＿＿＿＿＿＿＿＿＿＿＿＿＿＿＿＿＿＿＿＿

＿＿＿＿＿＿＿＿＿＿＿＿＿＿＿＿＿＿＿＿＿＿

（如果方便請填上個人資料）生日

（　年　　　月　　　日　）

姓名＿＿＿＿＿＿＿＿＿＿＿＿＿　職業＿＿＿＿＿＿＿＿＿＿＿

地址＿＿＿＿＿＿＿＿＿＿＿＿＿＿＿＿＿＿＿＿＿＿＿＿＿

　　　　　　　　　　TEL＿＿＿＿＿＿＿＿＿＿＿＿＿

　　但是，並不一定每一位光臨過的客人，都會協助那家店，將數據填妥之後寄回來。因此，回收客人填好的意見調查表，是一件看似簡單，實際上卻相當困難的工作。

　　製作意見調查表，最重要的是要儘量作出一些具體而詳細的問題。另一方面，也要考慮到儘量減少顧客填寫時的麻煩，最好是使用簡單的○、×方式來回答即可。

　　由這個意見調查表中，連看不見的服務都能夠具體瞭解其品質的好壞，因此，可作為尋找問題的參考。

五、重視顧客的抱怨和不滿

　　對旅館來說，一旦顧客覺得滿意，往往就會多次地光臨，而成為「老主顧」或「特別顧客」。

　　不論是一個人或多位顧客，為了把他們當作「特別的老主顧」，就要重視顧客的抱怨和不滿。如果顧客有任何的抱怨或不滿時，必須將他們的意見當成問題，追究其原因，並進而改善，這是非常重要的事。

為了解決這些問題，可按照一般的市場調查，使用以下的方法。

(1)意見箱。

(2)意見調查表。

(3)新產品試用報告制度。

(4)根據會面所作的訪談。

(5)檢查表。

針對旅館顧客所做的意見調查表，和前面介紹過的餐飲業意見調查表不同，顧客可在客房中填寫，也可用評論的方式填寫。

六、由「浪費、不勻、過度」來發現問題

你對於工作有「浪費、不勻、過度」的感覺嗎？擔任工作場所的管理及改善的主角，無論如何還是在此工作的服務人員。因此，首先要由工作的每一位成員，把自己在工作場所中的不自由、不舒服，及不方便的感覺，當成問題提出來。

此外，作為尋找問題點的另一種方法，就是考慮「浪費、下勻、過度」三方面。

(1)浪費

工作量有和人員作一個平衡嗎？

・隨身物品和余裕過多馬？

・有分配在適當的材料和適當的地方嗎？

・有做多餘的動作嗎？

139

・因計畫不佳而引起浪費嗎？

⑵不勻

・因為個人差異而造成服務上的不均衡嗎？

・在作業量和作業時間上會隨著不同的人而有差異嗎？

・人與人之間的團結合作進行的好嗎？

・有時候太忙，有時候太閑嗎？

・教育和訓練執行的平均嗎？

⑶過度

・人手太少嗎？

・工作會因人而有所偏頗嗎？

・人員分配恰當嗎？

・動作和姿勢會不會太過分。

七、尋找問題點的方法──6W4H

在尋找問題點的時候，只靠偶然和靈光一現的念頭是非常危險的事。而且，個人的工作能力有限。因此，最好能夠儘量將以下的幾種方式，當成是自己的忠實屬下來使用。那就是所謂的 5W1H，無論何時、何地，任何人都要記著這些有膽識的屬下，這是很重要的。這六位屬下就是，Why（為什麼……理由、原因）；What（是什麼……對象、內容）；Where（在何處……場所、地域）；When（何時……時間）；Who（是誰……人）：how（如何……方法、手段）。

表 4-3 10 位（6W4H）強而有力的夥伴

6W4H		檢查的方式	問題點的發現
目前在我們的工作場所中……			
·為什麼有那些必要？ ·為什麼要做？ (Why)	在做什麼？ (What)	·為什麼做？ ·不那麼做不行嗎？	·省去的原則——去除不必要的東西。 ·結合的原則——結合能夠放在一起的東西。 ·調換的原則——調換地點和機械等。 ·順序變更的原則——排列出更好的順序
	在那裏做？ (Where)	·為什麼要在那裏做？ ·有沒有在其他的地方做過？	
	什麼時候做的？ (When)	·為什麼要在那個時間做？ ·有沒有其他的時間做過？	
	是什麼人做的？ (Who)	·為什麼是那個做的？ ·其他的人不能做嗎？	
	是針對什麼人做的？(Whom)	·為什麼要針對那些人做呢？ ·不能對其他的人做嗎？	
	要怎麼做呢？ (How to)	·為什麼要用那種方式做呢？ ·沒有其他的方式了嗎？	
	需要花費多少來做？ (How much)	·為什麼需要用到那麼多呢？ ·不能夠用更少的費用嗎？	
	需要多少的數量來做呢？(How many)	·為什麼需要用到那麼多呢？ ·用更少的數量就不能做好嗎？	·簡樸化的原則——根據制約的節約的原則簡樸化
·為什麼會變成這樣？ (How so)		A：為什麼只產生了這種結果？ B：為什麼沒有產別的結果呢？	調查在 A 和 B 之間有何種變化和條件

除這六位強而有力的夥伴以外，另外加上了四位忠實的屬下。這四個新面孔就是，Whom(針對何人⋯⋯市場)；how much(花費多少⋯⋯價格、費用)；how many(需要多少⋯⋯數量、規模)；how so(爲什麼會這樣⋯⋯差異、變化)等四位。

八、尋找問題點的方法──brain storming

　　所謂 brain storming，就是「暴風雨(storming)在頭腦(brain)裏面翻攪，因而造成理念上的連鎖反應，甚至引發出更多的想法」。

　　這種集體創造性思考法，是由以下的三個步驟形成的：

　　(1)先想出主意。不論完成的可能性有多少，也不論是多麼離奇古怪的主意，都不需要害羞，儘量發表出來。

　　(2)要考慮目前已經想出來的意見，該如何地去結合。

　　(3)徹底地對其是否有益做一個評價，再選出評價高的概念或有可能實行的意見。

　　此外，集體創造性思考法的規則決定如表 4-4 的內容。

　　爲了增進集體創造性思考法的效率，必須以一個人爲中心，擔任進行的工作，而由另一個人擔任書記，簡單地整理各種發言內容，這是相當重要的工作。此外，一些人意料的意見，和意外的重要問題也不少。

表 4-4　集體創造性思考法的規則

1.禁止批判 • 不做好壞的評價，不說他人的壞話。 • 評價是第二個步驟。 • 如果受人批評，也不可說出自己想說的話。 • 不必說客套話。	**＜忌諱的 10 句話＞** 1.太過奇特 2.不現實 3.無聊 4.和以前的類似 5.不太樂觀 6.時機尚早 7.沒有按照目的做 8.價格提高 9.不合道理 10.觀念太老
2.自由奔放 • 以刺激他人的頭腦。 • 即使脫離了目的，也會有所幫助 • 奇特的意見由自由地表達想法中產生。 • 稀奇的或是獨特的最好。	**＜使想法表達順利進行的重點＞** 1.有什麼做過類似的事情？ 2.能不能借，有什麼代用品？ 3.如果改變一下，用相反的方式做一下，或是調換一下的話…… 4.以童話故事和兒童的經驗作為啟發。 5.勞動身體，專心一致。 6.如果結合起來，變多一點、變大一點、變少一點、或是，6,小一點的話……。
3.就便利用他人的意見 • 一種主意，可誘發別的主意。 • 不要不好意思符合他人的意見。 • 試著結合各種意見。	**＜一起來期待相互利用的效果吧＞** 1.珍惜……既然那麼說的話……。 2.既然是○○○的意見……就不需要擔心了。 3.要試著將二種意見互相聯合起來、結合起來、混合起來，並試著統合其目的，配合著整體的表現，並結合各種意見。
4.要求數量 • 數量就是產生品質的東西（即使是爛大炮，只要多打幾發也能打中）。 • 必要的只是一個意見。 • 要求數量時就沒有批判的時間了 • 以後再評價其可能性和效果。	**＜進展方法的訣竅＞** 1.要接連不斷的發言。 2.用指名的方式也很有效。 3.一有主意，立刻說出來。 4.一分鐘裏即想出一個主意。 5.累了的話就休息。 6.要不斷地記錄下來。

九、 尋找問題點的方法──KJ 法

KJ 就是將零亂的意見和建議，在一張張的標籤上記下來，再把那些標籤整理成幾個組別，執行表達想法的功用的方法。

集團的創造思考開發法，是讓全體員工自由地、發散地提出意見的一種概念，KJ 法則是收集的概念，也就是整理出事實和意見，在整理的過程中產生出更新的觀念的做法。

以下為 KJ 法的推進方法：

(1)**製作標籤**

自己的意見有關係到主題的則可在一張標籤上記下。此時，必須「具體地」、「生動地、清清楚楚地」表現出來。

(2)**整理標籤**

記好的標籤要和有關連性的標籤一同整理，並將其編組（3─5 張）。

(3)**製作組別名稱牌**

將每團體所收集的標籤整理出要領，像「在訴說些什麼？」，「在暗示些什麼？」，然後在組別名稱牌上寫下每行的標題。牌子是一種即使不看各組的標籤也能理解的表現方法。

(4)**編成小組**

完成組別名稱牌之製作的標籤，就將其編成小組。由小組到大組這樣編下去。

(5)**於表格裏做整理**

可如此做：

· 從本身的四週裏

· 從上司的方針中

· 從顧客和關係部門的消息中

如此做就能夠找出多數的問題點。

第五章

品管圈如何解決問題（三）：

重視過程的解決步驟

一、解決問題的基本步驟

　　說到人類的能力和創造力，我們大都認爲只有特殊的人才與生俱有此力量，但這並非絕對的。能力是由經驗累積而來的，是借著重覆的經驗和反覆的學習才形成的。

　　因而，發現問題的能力和解決問題的能力，是藉由不同的人所擁有之廣博的知識和各種能力組合起來而形成的。

　　提高問題解決之能力的秘訣爲，知道「問題解決的步驟」然後再依此步驟做下去。

　　於 QC 小組活動裏，將解決問題的過程細分化，分爲好幾個步驟，謀求其標準化。

　　在解決、改善問題的時候，若不抓住真正的原因，只是依照自己所想的去施以對策，這樣是不會有什麼效果的。即使是有些效果，但也不會長久。若想要得到具有效果的改善，那就一定要按照「問題解決的步驟」。

　　表 5-1 即爲解決問題的步驟。解決步驟一定要配合著 PDCA 的循環過程一起進行才可，這是相當重要的。

表 5-1　解決問題的基本步驟

	基本步驟	實施事項
(P) 計 劃	1.尋找問題 點、選定主題	·找出工作場所的問題點。 ·先聽關係者的意見，然後集合大家的想法。 ·評價問題，選出最適合的主題。
	2 掌握現狀	·關於所提出的主題，檢討正期待著多少的成果。 ·收集事實。
	3.設定目標、 作成活動計畫	·決定目標（目標值和期限）。 ·很難決定最終目標值的情形下，可將目標分割 　爲第一次、第二次。 ·成立合作體制（決定實施事項）。 ·決定日程、職務分擔等等。 ·製作活動計畫表。
(D) 實 施	4.詳細地調查 問題點（要因 的分析）	·關於問題點，要更進一步抓住詳細現狀。 ·分析要因。 ·決定對策項目
	5.對策的檢討 和實施	**對策的檢討** ·以現狀分析的結果爲根據來考慮具體的改善計 　畫。 ·產生對策主意，然後組合起來再予以評價。 ·確認對策的內容。 **對策的實施** ·展開具體的改善活動。 ·依照所決定好的來實行。 ·黏性強的努力。
(C) 檢 討	6.確認效果	·掌握對策的結果並確認效果。 ·和目標值比較。 ·抓住成果（有形、無形）。
(A) 處 置	7.固定，標準 化和管理的固 定	·固定並制定和改訂標準。 ·決定管理的方法。 ·對關係者要瞭解徹底。 ·教育負責人。 ·確認正被維持的事情。

二、選定主題的重點

以下為在選定主題時候的重點：

(1)是週遭附近共通的題目

盡可能地提出與本身的工作有直接關係之週身附近的主題。

(2)是全員所同意的主題

小組活動是以全員參加為原則。因而一定要選擇全體成員所同意的題目。這樣，每個人都會對主題有興趣，活動才能進行。

(3)是在短期內能夠達成的主題

活動剛開始的時候不論是高舉著一個多好的主題，一旦經過長時間的進行，大家可能就已經厭煩了，所以小組活動極可能在途中就停滯不動了。因而，最重要的事是選定一個大概花三個月時間就能解決的主題。

(4)是一個能夠期待成果的主題

若是提出了一個即使解決了也不能完全確認其成果的主題的話，那麼成員會意氣消沉，今後活動不就能夠很順利的進行下去了。

表 5-2　旅館、餐飲業的實例

1.服務的提升

⑴以迅速的行動來招呼顧客。

⑵即使在很忙的時候也要很順暢的端出菜肴。

⑶要迅速地做結帳的工作。

⑷要記住顧客和持有 VIP 之顧客的容貌和名字。

⑸接撥電話的時間要儘量短縮為 30 秒。

2.效率的提高(生產性的提高)

⑴縮短整理後面的時間。

⑵清掃作業時間的短縮。

⑶每月業務的提高效率作戰。

⑷借著出入倉庫時間的規則化來做事務的簡化。

⑸防止服務上的錯誤。

3.販賣的促進

⑴給與顧客貨品的單價。

⑵提高婚禮贈品的訂貨率。

⑶提高銷售訪問件數。

⑷善於推薦洋酒。

⑸借著徹底地學習烹飪知識來強化銷售。

4.工廠的管理

⑴消除冷凍機、冷媒漏出地方的不明。

⑵名牌的作成保管的資料化。

(3)傳票樣式的統一和內容的再檢討。

(4)刀子、叉子類之取得的合理化。

(5)做成主要觀光地的小冊子。

5.士氣的提高

(1)禮貌和女服務生業務的統一。

(2)常做工作場所內的互相連絡。

(3)於事務所內的勤務態度的提升。

(4)改善對來訪者的接待。

(5)做出漂亮的傳票。

6.減低經費

(1)減少在廚房的水使用量。

(2)減少玻璃杯類的打破量。

(3)防止食器類的破損。

(4)節約餐巾布類的清洗費。

(5)避免拷貝用紙的流失。

7.環境的整理

(1)製造好的氣氛。

(2)借著冰箱的清理及整頓來使工作流暢化。

(3)保持會客室煙灰缸的清潔。

(4)有效利用資料整理和保管後所剩下的空間。

(5)改善銀器類的使用和保管。

8.減少錯誤

(1)沒有錯誤的旅客房間。

(2)消除訂貨的錯誤。

(3)取漏的對策。

(4)杜絕忘記放入茶具的錯誤。

(5)消除洗衣店的交貨延期。

9.教育的徹底

(1)謀求打零工者的水準提高。

(2)對顧客的招呼要徹底。

(3)提高洋酒的知識。

(4)使本身具有商品知識。

(5)正確的留言的取得方法和傳達方法。

三、 把握現狀

下一步就是要牢牢地掌握住與主題有關的現狀。關於現狀，若由人從所有的角度來看，可能會出現一些誤差，所以，最重要的是，盡可能的用具體的資料來掌握。

不論你能夠掌握住多少的現狀，最主要的重點是能否有效地解決問題。

首先，收集有關系列主題的資料。此時，或許你會用「因為取得容易……」、「等一下拿可能比較有效」等的理由來塘塞而不去取得資料。

即使不是那樣，QC 小組活動推進的方向也會有朝和初期

所定之目的不同的方向進展的傾向，問題解決的焦點也容易變得模糊不清，原因的追求也不得已地容易變得牽強附會。

收集資料時需要留意的地方。

(1)取得資料的時日、場所以及取得資料人的名字等等要事先記下來。

(2)對於數字，要寫得不論任何人看了後都容易讀也容易瞭解。

(3)因為在計算上不能有所錯誤，所以盡可能地要事先將計算過程留下來。

(4)若資料齊備了，每次都要儘量完成圖表等等。

(5)平常就要做到看到資料就能判斷並習慣於去取得資料。

(6)事先就要好好地決定取得資料的標準。

(7)因為資料容易產生誤差，所以要加以小心。

為了正確地知道這個問題的某個部分，事前全體成員應在一起檢討「怎樣的資料才是最合適」這點很重要。然後，若收集好了資料的話，就將其做成容易分析的圖表。在圖表化的時候，一定要從 QC 七道具裏找出最適合的方法並正確地使用之。

四、設定具體的目標

若掌握住現狀了，接下來就是目標的設定。目標應該是像數字一樣具體化的東西。

但是，在看了各個小組的活動後，令人意外的是，他們的目標大多是抽象、不明確的。因為 QC 小組活動是改善活動，所

以事先將目標具體化、明確化是一個絕對不可欠缺的條件。

另外，要以目標值「到何時達成、做了那一個」，這些重點事項爲中心來設立目標，達成計畫。

不過，目標值要設定爲多少？——這件事情是很困難。若設定一個和 QC 小組之實力一樣低的目標值的話，則很難去掌握效果的達成率，若設定較高的話又不能達成目標。唯有努力去做，才能期望什麼都能達成的程度。

另外，若有一個預估需要花費長時間來進行的活動，就將其最終的目標，分爲幾個階段性的目標。如此，不僅可在活動進行的途中，確認計畫的達成率，同時也是一個有效率的方法。

(1)盡可能地用數值（定量地）表示

所謂目標，因爲是「表示在活動進行時所期待的結果」，所以並不是事後即可測定出來的東西。但在具體上，明確地表示出「什麼……」「何時……」「那個」達成了嗎？這件事很重要。

(2)自己先設定目標看看

設定一個符合自己能力以及能夠完成的目標，但是,（能夠很輕鬆地就可以達成的目標，是無法產生達成的意欲），換句話說，就是不會做到半途就沒勁了。

(3)簡潔、明瞭

目標並不是僅靠自己的力量就能達成，一定還需要其他人的瞭解和幫助才能夠完成,以不明確的目標是無法打動人的心。

(4)目標不可過多

雖說目標是必要的，但也不可胡亂地設定許多的目標。這與「腳踏兩條船」是同樣的道理。

⑸ **目標的排列**

　　無法達到的目標成爲多數時，可依那個目標較重要，來事先用 ABC 的方法排列。目標不可過高或過低，QC 小組要用能夠提高水準的設定值來設定。

五、全體成員一同建立活動計畫

　　爲了確實地達成目標，一定要制定充分採用每一成員意見的活動計畫。

　　若建立一個很好的計畫的話，就此較能夠簡單的去解決問題點。爲了不要做無謂的努力以及產生出大的效果，就有必要建立一個穩固的計畫。

表 5-3　活動計畫表

	實施項目	負責人	活動計畫				
			6 月	7 月	8 月	9 月	
活動計劃	現狀的把握		----▶	6/31			
	目標的設定		---▶	7/31			
	原因的分析			---▶	8/10		
	對策的檢討實施			---▶	8/31		
	效果的確認				---▶	9/10	
	統一標準化				---▶	9/30	
	反省					---▶	9/30

以下為建立活動計畫所應注意的事項：

⑴清楚地抓住活動的目的及問題點。

⑵盡可能詳細收集關係到主題的事實。

⑶常和上司、同事們一起聊天。

⑷若有必要的話，要擁有修正計畫的時間。若要具體地決定活動的計畫，可在像表 5-3 一樣的「活動計畫表」裏記下日程。要安排從容但時間不過長的日程。

這個活動計畫表是為了顯示出，小組活動「現在進行到那個階段？」「今後做什麼比較好？」，藉此表就可以無遺漏地、確實地進行活動。

六、追求原因

QC 小組活動中最重要的工作，是要因的分析。

一旦要探討改善活動陷入僵局的原因，就有許多人只是依自己所想的施以對策，而不去針對問題來抓出真正的原因。也就是說，提出問題點後，大多只是用腦中馬上浮出的對策來解決。

但是，即使問題點只有一個，但對此有影響的原因卻有很多，不能夠很簡單地排除所有的原因。

不掌握事實，只是「應該是……」、「我認為……」的做這些爭論也不能查明原因。另外，為了記錄而歪曲事實，到後來常會因為沒想到的齟齬和條件不足而煩惱。因而，在要因分析的階段，對於問題點的原因和結果之間的關係要明確化，並找

出會對問題有重大影響的真正原因，然後再針對此施與對策。

為了能夠有效地分析及發現真的原因，最好的方法是遵循以下的步驟：

(1)有明確的目的

要調查些什麼？如何調查才好？要很清楚地分析目的。

(2)經常觀察現場

經常運用人類的五官（嗅覺、聽覺、視覺、觸覺、味覺）去觀察現場，調查現在情況如何？那裏有不好的地方？

(3)整理要因和結果之間的關係

以具有技術和經驗的知識為基礎來考察要因和結果之間的關係，然後在特性要因圖上整理。

(4)決定特性值

表示服務和工作好壞之特質的特性值有許多。從這些許多特性值中，決定一個能分析問題原因的特性質。

(5)取得資料

「誰？關於什麼？何時？何處？如何做？」，將想取得的資料明確化後，做張檢查表，用此來收集資料。

(6)分析

要活用 QC 方法來分析資料，以統計的方式來掌握要因和結果的關係。

(7)考察、導出結論

關於分析的結果，要再摻入技術、經驗、上司的意見、費用等情報加以考察，然後導出結論。

重點：要將現狀的把握和問題點的摘出二者正確地聯繫在

一起。

七、建立並實施對策案

所謂對策就是，如何去解決所發現之問題的原因，或者是，如何讓影響力轉小。

如果沒有辦法提出對策，可能是因為對原因的分析不夠充足。

因為 QC 小組活動是以事實為基礎來解決問題，所以，應該也要以科學的方法來設定對策。常有很多案例是根據特性要因圖「判斷為何會成為問題的原因，然後再提出已標準化的對策」來解決問題，僅僅用此方法，很難說是一個最適當的對策。此方法對原因真的有效嗎？若是有效的話，是給予那一方面的影響？這些都必須用資料明確地整理出來。

對於一個問題，應該多想幾個對策，利用要因的分析從各個角度做調查。在做檢討的時候，可參考各方面的所提出的對策，然後在其中找出最適當的來。

以下為在設定對策時，所應注意的事項：

⑴抓住真正的原因

在思考對策的時候要注意的一件事是，絕不會只有一個要因，必定有其他我們不瞭解但卻是最有影響的要因。

⑵全體成員一起思考

全體成員要一起思考，互相交換意見。全員一起檢討、決定對策是相當重要的。不要有「只想一個對策」的想法，而要

想出很多，然後挑取最好的。

(3)有可能實行的

檢討所討論出來的對策，在現實環境裏是否可行、這點很重要。

即使已決定好對策了，但實行後卻不能確定有無效果，這就像「在紙上畫餅」一樣。

另外，當你在實行新的對策計畫的時候，若有影響到別的部門或者有需要別的部門幫忙的情形下，必須要取得他們的諒解。如此的話，在需要適當援助的時候會進行的比較順利。

八、確認改善效果

在實施針對原因所定的對策計畫時，要常常調查其結果是否有得到期待中的效果。確認這件事情相當的重要。絕對不要放任不管，一定要圍繞著 PDCA 的小組。

常常有調查其結果後，卻發現沒有如預想中的效果。並不是一直都只有好的效果，有時也會出現壞的效果。得到預期中的效果後，成員們必然會感到喜悅，但若不及預定的目標值時，這時就一定要立刻考慮下一個對策了。

以下為確認效果時所應注意的重點。

(1)在收集改善實施前和實施後的資料時，要確認和改善實施前同一條件下的東西。另外那份資料盡可能地使用數字以及圖表來表示。

(2)要確定，和當初所定之目標相同的效果（直接效果）以

及另外產生的效果（間接效果），有無表示出來。有些東西是用數量來表示，而有些東西只能用言語來表現。而我們所期待的東西，有可能有些有實績而有些沒實績。

(3)要檢查一下實施改善後有無新的問題引發出來。

(4)檢查若使用了技巧，是否有更好的餘地。

(5)經常調查，對於本來的有形效果、看不見的無形效果及意想不到的波及效果是如何地被表示出來。

(6)未達成當初所定的目標嗎？若達成了，有無反省是否有格外的花費時間和費用？一定要將這些問題確實的檢查一遍，然後在下次的目標設定反映出來。當然也有必要檢查所定的目標是否過高或過低。

效果沒有如所想的顯示出來的話，大部分都是由於沒做充分的要因分析和對策計畫的檢討。所以有必要在第二次對策、第三次對策時回到前面的階段做修正的工作。

但是，也並不是只看到那個結果就下結論說達成率的好壞。而是要如何去看達到那結果的過程。亦即，最重要的事情應該是去檢查這個計畫是否正確，特別是，建立目標的方法是否有錯誤。

九、 做到防止惡化標準化；謀求管理固定

品質管理活動裏所謂的「制止惡化」「標準化」，一般人可能還不太熟悉。但它卻肩負著重要的任務。

另外，所謂「標準化」，就是關於工作或事情的處理方法，

不論誰來做，都要使其單純化、統一化。具體地說，就是規定部署、狀態、動作、步驟、方法、手續、責任、義務、許可權、思考方法等等的決定。

所謂「制止惡化」，就是在特別地舉行一段時間的改善活動後，為了不再返回活動之前的情景，所做的一種處置。

解決問題之步驟的總務，就是管理週期的「A＝處置」。

一旦在確定效果後，得知得到了如你所期待的結果，就有這個問題已經解決了、能夠順利地改善了的想法，那是不對的。事實上事情尚未結束。即使已經藉由改善，而使得成績比以前提高。但若就此放手的話，那就有可能還會回到以前的狀況。

無論如何，因為新的作法，大家都會不習慣，所以，會有不知不覺地返回以前所習慣之作法的傾向。為了永久地持續所做出的改善成果及保持其良好的狀態，制止惡化及標準化是相當重要的。

制止惡化的步驟，一般是依以下來做：

(1)方法的改善

若是有改變作業方法，要將新的方法標準化。如此，不管是誰或什麼時候做，皆能正確地作業。將決定作業的步驟、應注意重點、要點此三項標準的根據，明確地做成標準書。此外，利用此標準來進行使員工能正確地作業的訓練也是很重要。

(2)日常的管理

要檢查及管理新的方法和設備是否有被正確地使用。為此，要預先決定平常所應該做的資料，其使用及整理的方法等等。

旅館業和餐飲業裏有很多的手冊，而這些手冊未必不是絕對的東西。因爲有必要記下來的東西很多，所以，可在實際上容易活用的條款上做訂正、改善的工作。

十、PDCA 改善策略

品管圈改善策略應用較多的是 PDCA 循環，即戴明環。隨著品管圈的發展也有應用 DMAIC 即 6Sigma 改善方法。

PDCA 循環也叫戴明環，是品管圈改善的基本策略之一，也是品管圈和 TPM(全面生產管理)及其他改善過程中常常用到的方法。PDCA 循環如圖 5-1 所示。

圖 5-1

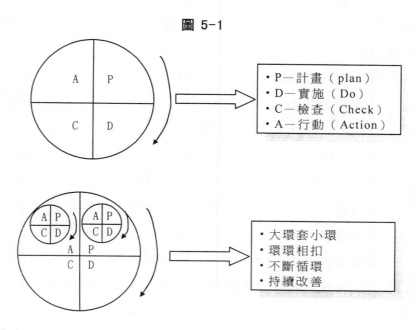

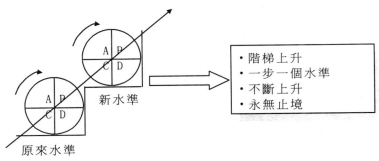

(1)戴明循環的應用步驟如下。

①分析問題，發現問題。

②分析質量問題的各種影響因素。

③分析影響質量問題的主要原因。

④針對主要問題，採取解決措施。

　　——為什麼要制定這個措施？

　　——達到什麼目標？

　　——在何處執行？

　　——由誰負責完成？

　　——什麼時間完成？

　　——怎樣執行？

⑤執行，按措施計畫的要求去做。

⑥檢查，把執行結果與要求達到的目標進行對比。

⑦標準化，把成功的經驗總結出來，並進行標準化。

⑧把未解決或新出現的問題轉入下一個 PDCA 循環中去解決。

(2)戴明環與七工具的應用關係。常用的七種工具，如因果

圖、直方圖、排列圖、控制圖、分層法、相關圖和統計表等可
應用到 PDCA 循環的過程中，如表 5-4 所示。

表 5-4

階段	步驟	應用工具或方法
	①找出存在的問題	·排列圖 ·直方圖 ·控制圖
	②分析問題的原因	·因果圖 ·因果矩陣
	③找出主要因素	·排列圖 ·相關圖
P	④制定措施計畫	·5W1H ·Why　必要性 ·What　目的 ·Where　地點 ·When　時間 ·Who　執行者 ·How　方法
D	⑤實施計畫	·要按計劃執行 ·嚴格落實措施
C	⑥檢查計畫執行效果	·排列圖 ·直方圖 ·控制圖
A	⑦標準化	·制定或修改工作規程 ·制定或修改檢查程序 ·制定或修改有關規章制度
	⑧下一個PDCA	·重新開始下一個PDCA循環

第六章

各部門如何推動品管圈活動

一、營業部門的 QCC 活動

營業部門與製造部門同樣可以認爲是最容易實行品管圈的部門。理由是工作的業績可以在短期內明確地顯現出來。不管怎麽說，品管圈的活動成果是，越能以具體的經營數值表現出來，圈員越會有幹勁。從這一點來講，營業部門的品管圈活動很有可能讓人感到做起來是有意義的活動。

那麼具體地講，在營業部門該向何種活動的課題去展開品管圈活動爲宜？如以剛才所提的戴明循環之營業部門的機能來思考，可以分成下列的五大活動課題群。

①關於爲了開發好商品及服務的「情報收集」之活動課題。

②爲了提高「營業額」的活動課題。

③爲了提高「利益率」的活動課題。

④爲了提高「營業經費」效率的活動課題。

⑤爲了「獲得顧客之滿意」的活動課題。

這些課題群彼此之間都具有關連性，都不是獨立的活動課題。而且，各個活動課題在重要性或優先性方面，完全沒有差別都是同格的。因此，要在營業部門內選定的品管圈活動課題是不會有缺乏的。現將可能作爲具體的活動課題，列舉如表6-1。

像這樣有爲數很多的活動課題，但是要以這些課題來展開圈的活動時，有兩點必須加以留意。

表 6-1　營業部門的 QCC 活動課題之例

①有關「情報收集」的課題 「顧客情報之充實」「競爭對手公司情報之收集」「新產品情報之收集」及其它各樣情報之收集。
②有關「提高營業額」的課題 「一人的銷貨額」「訪問次數」「顧客別銷貨額」「商品別銷貨額」等等。
③有關「提高利益率」的課題 「討價還價、折扣之減少」「減少廉價品之發生」「退貨之減少」等等。
④有關「營業費率效率化」的課題 「出差旅費的效率化」「汽油費的效率化」「運費的效率化」「營業事務之效率化」「資金週轉之提高――存貨的減少，應收帳款回收率之提高」等等。
⑤「獲得顧客的滿足(創造顧客)」有關之課題 「減少、滅絕客訴的發生」「新顧客開拓目標」等等。

　　第一是營業部門的場合，不一定自己的努力完全照樣呈現於業績的提高方面。因為營業部門與製造部門不同，與顧客的關係會決定業績。所以，雖然由於品管圈的活動使營業活動比以前好很多，有時因為剛好遇到大幅度的不景氣時期，會有完全沒有成果的事發生。

　　因此，在營業部門最好不要將業績數值作為活動課題或目標。以為了實現業績之提高應該如何去活動，這樣以活動內容來選作活動的課題。

　　例如，以訪問次數、訪問質量作為提高銷貨額之活動課題

即是。而當活動課題有了大幅度改善時，就改善之結果對業績有多少貢獻加以檢討。這種態度較為理想。

「應收帳款之回收」「退貨之減少」以及「新顧客開拓目標」等一切都是相同的。不要將其作為活動課題，而以要實現這些事該做的工作方法作為活動課題，業績成果則視為改善活動的結果為佳。

理由是因為即使在業績上改善效果未呈現出來，這種情形可能是屬於一時性的現象，改善的效果一定會在將來變成業績表現出來。

第二是防止改善之倒退有關的問題。

在品管圈活動上採取作為防止倒退的措施之方法是將工作方法標準化，手冊化的作法。這些雖然都是有效的方法，但是在營業部門的情形，不是儘量手冊化而是要做到確立管理系統的程度。

這是因為營業部門的工作，特別是推銷員的工作是以在外面跟顧客之間來進行者為多。因此，一一去看手冊來進行是很難的。並且如果未照手冊去做，也沒有人可以去檢查。

所以，要「確立應該寫入手冊的事項未做好則工作不能進行」的管理系統，以代替製作手冊。並且在這種工作方法未習慣化前，雖然稍感麻煩也要繼續執行這項管理系統。

這樣做才可以實現真正的防止倒退。

二、製造部門的 QCC 活動

製造部門是最早開始品管圈活動的部門，也是推行得最廣最活潑與最有效果的部門。如果要談製造部門的品管圈活動之推行要點，那就是要講品管圈活動的全部了。如果一定要談製造部門的留意之點，則可以說是要緊緊抓住 QC 基本想法的「消除差異」之觀點。品質的差異、生產期間的差異、操動率的差異、作業速度的差異等，對所有事物之變異狀態都加以當作問題重視，從消除差異去著手乃是理想的方法。

有了差異表示不在正常的管理狀態之下。所以首先必須使之處於正常管理狀態之下。如果能使之處於正常管理狀態之下而無差異，則其次便可以改善管理狀態。使之歸於正常水準，這樣才可以實現改善，如果在有差異的狀態下實施改善也不會得到改善成果的。

沒有差異改善才會有進展，例如，A 先生要在一張鐵板上鑽三個洞，這種工作有時要花 40 秒，有時候要 60 秒。此時 A 先生要瞭解為什麼須花 60 秒，並研究出每次都能夠以 40 秒的速度完成工作，這便可以說是改善。而 A 先生必須在於經常都能以 40 秒完成作業之後，才能夠來想改善作業的方法。

恒常地能以 40 秒完成作業，表示此作業方法已經定型了，而作業方法有了定型之後才能加以改善，如果像有時要 40 秒，有時要 60 秒，這樣不一定的狀態下，作業方法是無從改善的。因此，首先要著眼於差異之處，從消除差異的觀點來開始品管

圈活動才好。

另外還有一點要留意的是，要經常思考自己的工作之真正目的是什麼。

在 QC 方面有一句話說「產品的品質是在制程中製造出來的」。聽起來是很當然的事，可是這種當然的事，實際上在現場並未當然地在進行。

例如，請你想象一下前面所提的 A 先生反覆在鐵板上開三個洞的作業情形。反覆在幾百張鐵板上開洞的 A 先生，他會以爲他的工作就是在鐵板開洞。結果他只想到如何能早一點正確地在鐵板上開洞的工作。

有一次，A 先生的前一制程擔任鐵板切斷工作的工人弄錯了，將其他部品所用的尺寸略小的鐵板送到 A 先生處來。A 先生雖然覺得有一點怪怪的，可是還是花了兩天將那數百張的鐵板開好了洞。到作業都作完了才知道鐵板的尺寸不對。

到底這兩天 A 先生做了什麼？假使 A 先生不在板上開洞而說「這些鐵板尺寸好象有點不對」則這些鐵板就可以不必變成廢料。但是 A 先生只想到鐵板上開洞是他的工作，所以拼命開洞，製造了一大堆不良品。A 先生真正的工作目的，不是在鐵板上開洞，他忘了在正確尺寸的部品上加工才是他的工作。

爲了防止發生這樣的錯誤，而想去強化檢查體制時，則工廠的制程中之檢查將成爲必要的工作，以避免產生不必要的浪費。檢查再如何加強，檢查本身也不會製造良品，而是加工的制程才會造出良品。因此，要經常思考自己的作業之真正目的爲何，再去活動。

假如能以這種觀點去進行品管圈活動時，一定會發現有很多作業上的浪費，而產生如何去消除這些作業的觀點。例如，調整的作業，補修的作業，檢查等等這些作業即爲其對象。

表 6-2 提示了製造部門的 QCC 活動課題之例。

表 6-2　製造部門的 QCC 活動課題之例

課題	內容
①制程不良率減低	制程不良率、成品率。
②交期遲延率之減低	交期遲延率
③設備操動率之提高	設備操動率、設備故障率。
④生產力的提高	生產量/工人，生產量/時間。
⑤生產時間的縮短	公司內標準日程
⑥安全作業的確保	傷害發生件數
⑦計測器管理的充實	規定類之整備狀況、規定的實施率。
⑧QC 手冊之活用	理解度、活用程度。

三、總務部門的 QCC 活動

究竟管理與總務這種間接部門的業務品質之提高，是表示什麼意義？這是非常難以答復的問題。因此，這個部門的品管圈活動也是被認爲目的很不易集中，很難進行的。但是這裏要特別請你瞭解的是這個部門的品管圈活動如果營運得好，發揮其機能時，會有令人感到意外的大效果。

爲什麼呢？因爲這個部門的業務與全公司各部門都有直接

的關係，因為它是對各部門提供各種服務的。

　　總務部門的業務品質提高，可以帶來全公司各部門提高效果及公司內的氣氛大大地變好的效果。

　　於是，管理與總務部門的品管圈活動之推行上的留意點，應該是其業務內容到底是對誰提供什麼服務為目的而設計的？應對此問題作完整的整理認識來開始，而且最好是不要一開始就想去提高服務的品質，而要以改善目前的服務之不足部分的觀點，去向品管圈活動挑戰。

表 6-3　管理與總務部門的業務內容

	經營管理者	營業部門	製造部門	顧客	其他
物品調度的管理機能		資材之調度	機材類之購入	採購	
資金調度的管理機能	資金的供給管理／銀行之交涉	收款管理／收款事務	付款事務	付款手續	
勞動力調度的管理機能	人才募集／福利保健措施之提案改善	推銷員錄用／勞務管理	臨時兼差人員之錄用／勞務管理／安全措施		福利保健服務保險
情報的收集分析傳達機能	會計情報的作成、供給管理／勞務情報之提供	營業管理資料之作成，供給（資金回收狀況等）。	製造部門損益計算資料之作成、供給／預算管理狀況資料之供給	公共關係管理	公共關係管理

也就是對你所提供服務的對象的客訴（抱怨）與希望，要給予 100%的滿足時該如何做？從這個觀點去努力。只要解決這一階段的問題，公司內的氣氛就會大變，一定會獲得顧客及其它部門的讚賞不誤。

但是，當然不能以此滿足。下一階段開始必須進入所謂的職務之豐富化與擴大化。即向思考及提供能更受歡迎的服務之階段發展。

要檢討選擇管理與總務部門的具體的活動課題，如將服務的機能與服務的對象以前頁所刊載之表那樣繪成縱橫軸的矩陣則思考很方便。

在表中，只列入了例示性的服務內容，如果將此表完成則對管理與總務部門該努力的活動課題就不虞缺乏。也就是將在表中的每一項服務如何使其質能夠提高，以及能以更低的成本來提供作爲活動之課題即可。

四、企劃部門的 QCC 活動

企劃與開發部門可能是最難推行品管圈活動的部門。因爲此部門的業務內容是以沒有反覆性者居多。因爲沒有反覆性的業務，最不容易展開以實證的資料爲基礎的改善活動之故。

加之，企劃與開發部門的業務品質沒有評價標準，雖然進行了改善行動，可是到底有無改善，無法作明確的判斷，這種情形很多。所以按部就班去進行改善的品管圈活動很難進行。

因此，最好是經過將非定型，沒有反覆性的作業，儘量改

善成定型的有反覆性的工作之步驟。這是企劃與開發部門的品管圈活動進行的最好辦法。這是因為一見非定型，無反覆性的作業，其中一定也包含有百分之若干是可以標準化有反覆性的作業在內。

那麼，如果你問企劃與開發部門的什麼作業是有反覆性的？則是很難回答的。如果說其範圍非常少則是非常少，如果說其大部分都是則也可以。總之，擔任企劃與開發工作的人們，有無強烈的意願使企劃與開發作業合理化與否，而會有很大變化。

工作這種東西，任何工作都有相同的一面，尤其需要有創造性的企劃與開發之工作，這一面特別強。例如，以繪設計圖為例，如果要追求藝術性則一個月也繪不出一張來。而如果對於這種狀態，認為設計本來就是這樣，就什麼都不用談了。

但是，如站在企業活動上，當然也有些人認為設計者這樣想是不行的。這種時候，決定以一天完成一張以上的設計畫作為目標，並且將要繪一張設計畫，必須調查的事項，參考的雜誌以及研討的事項都變成了一定的手續，這樣子以規則化；如此則大部分的工作都可以當作有反覆性的作業看待。

因此，企劃與開發部門的品管活動之課題，乍看好像沒有反覆性的各項作業，都從儘量使之變成定型有反覆性的作業方式去手冊化開始為宜。

但是，單以手冊化是不能作為品管圈活動的課題的。因而要詳細調查企劃與開發業務不順利時的狀況，弄清楚為什麼不順利，並為了解決其原因，向作業進行的標準化、手冊化的活

動挑戰。但不一定是要手冊化，利用檢查表方式也可以。

要之，從這樣的活動，以謀求企劃與開發業務之質的安定化，先消除因不注意而導致的失敗。

從這樣的活動，將本來沒有反覆性，認為只有依賴創造性的企劃與開發業務變成某一程度的標準化與定型化，則接下來的便是以這些標準化了的作法及定型化的手法為基礎，可以研究更進一步的做法及手法。因為不定型者是不能改善的，但是定型化者則可以一步一步地踏實地加以改善。

瞭解這一點是非常重要的。這是因為現在企業間競爭力之根本的差異，實際上就是存在於這一點。這是對於新商品之開發與企劃嶄新的銷售促進方法的力量，認為都可以由公司以組織化的方式予以加強，或認為這種力量一定得委由個人的創造性之力量不可的想法。

有前者之想法的公司會拼命於企劃與開發業務的軟體的標準化及高度化。其結果都成功於使企業成長力之最重要的部分年年強化。也就是實現了企業規模之擴大，企業之總合力越強，成長力也越強化的好環境。因為支援成長的軟體，由組織力來強化擴充之故。

另一方面，作後者的想法之公司，企業規模越大，成長力越低。因為個人所保有的力量是有限的。企業一大起來，個人的力量及影響力只有相對地變小之故。

像以上所說，從企業經營這種高層次的觀點來看，企劃與開發部門的品管圈活動之活性化是非常重要的。

五、設計部門的 QCC 活動，如何推行？

就是為客戶設計出滿意的產品品質的工作。一般來說，品質有以下三種含義：

(1)市場品質，即客戶所希望的品質。

(2)設計品質，工廠欲生產的品質。

(3)製造品質，工廠生產出來的品質。

其中，負責「設計品質」的是設計部門，它是工廠的品質的關鍵。要充分地調查客戶的需要，考慮工廠的生產技術、設備、管理水準和經濟性，設計出能夠生產的產品的品質。工廠按照這種設計進行生產，所生產出來的產品的品質必須滿足客戶的要求。為此，要做到以下幾點：

(1)準確掌握來自客戶方面的品質資訊，並把它納入設計之中。

(2)徹底實行公司內部標準、工廠標準等的標準化。

(3)加強產品可靠性的管理，確保客戶能放心使用的品質，若發現問題就要反映給設計部門，使之不再發生。

(4)要掌握工廠的工程能力，工廠生產產品，會發生品質上的參差不齊，與縮小這種參差不齊的努力相配合，掌握工程現狀條件下的品質的實際情況，並把它考慮到設計之中。

(5)要在設計之中把計畫—實施—檢查—處理這個管理循環不停地地轉動下去。

(6)要在量產前充分試驗，確認了品質無誤以後再去推銷讓

客戶安心的使用。

(7)要提高設計技術水準，這取決於從事該工作的技術人員的能力。培養優秀的技術人員是重要的。

(8)要提高設計工作效率，為了充分發揮設計人員的能力，擺脫技術方面以外的事務是必要的。還有，由於電腦的應用，使得龐雜的設計計算容易做了，並針對需要採取能迅速提供技術情報的措施。

往往聽到「設計部門問題點多」的說法，這是因為對於人的管理更難的緣故。經常提出的問題點如下：

(1)未做到零件統一化，零件的種類增多。設計人員各自設計零件，統一的困難乃是實際情況。

(2)相同零件的圖紙還要重覆地繪製，因為每做一次不同機種的設計，就要繪製相同零件的圖紙。

(3)在圖紙的檢索上太耗時間，有的耗費設計工作量的 30% 以上。

(4)由於設計錯誤和看圖錯誤而造成的生產失誤或索賠不斷發生。

作為解決上述問題點的措施，各公司進行著以下工作：

(1)明確地確定設計目標和生產目標，以消除在生產階段中的改造或變更。

(2)徹底地推行標準化。

(3)改進圖紙管理。

(4)謀求設計人員技術水準的提高，消除漫不經心的失誤。

因此，由品管圈來實行這些措施，做出成果的工廠倒也是

有的；但與其說品管圈，不如推薦有計劃、有目標的團體活動。對設計人員的工作來說，個人的技術是非常重要的。因此，與有關人員之間的協調似乎是比較少的。爲了解決問題，要由有關人員協商確立目標，有計劃地落實管理和改善的措施。

設計業務的品質提高活動，具體地講究竟指什麽樣的事，對一般人來說，都不是很清楚，所以有設計部門的品管圈活動目標很難集中的情形。因而在設計部門的品管圈最初活動可以說要以「何謂設計業務之品質的提高」之類課題作充分的討論，以確立圈員全體的統一認識。

討論的方法雖然以腦力激蕩，KJ法或其他方法都可以，但是經過充分的討論之後，對於「設計業務之品質提高」可能獲得的結論作分類，約有下列兩種方向。

第一是「做更好的設計」之方向，另一個是「實施有效設計業務」之方向。

也就是，前者是以提高設計業務的產出的品質爲目的，後者則以設計業務之效率化爲目的的活動。

此兩種目的之中，以何一目的之重要性爲高及爲優先，則通常是以前者爲高爲優先。因爲即使設計的效率不太好，也要有好的設計，否則設計業務就毫無價值可言了。但是，有時候會有大概的設計品質能夠確保，則設計速度與效率高比較好的情形，所以也很難一概而論。

可是，以何者作爲品管圈活動之目的較易進行，則一定是後者較爲容易。因此，在品管圈活動之初期，以採擇後者的方向，即「設計業務的效率化」有關的活動來展開品管圈活動較

容易有成果，也是比較高明的做法。

　　要想以「設計業務的效率化」的觀點來想定品管圈活動的具體課題時，首先須整理分析設計業務之內容。一般在統稱的設計業務之工作中，包括有「構想」「計算」「調查」「搜集資料」「商量」「試驗」「繪製圖面」等等各種作業在內。這些作業用生產現場的用語來分類，則成爲：

　　①主體作業──「構想」「繪圖面」。

　　②附隨作業──「計算」「試驗」。

　　③準備作業──「調查」「搜集數據」「商量」。此外，還有相當於寬餘的「休息」。

　　假使對參與設計業務的圈員之工作情況作連續性觀察，調查這些作業內容所花費的時間分配情形時，很多公司的情形可能是主體作業時間都不到 60%。假使是這樣時，從「設計業務的效率化」觀點來講，品管圈的第一個活動課題應該是儘量減少主體作業以外的作業時間，以該部分的時間來增加主體作業時間。

　　而在另一方面，大概是要以作業時間本身之效率化爲目的的活動吧。

　　設計部門的品管圈活動以這種順序來採擇活動課題，則確實可以獲得相當成果的。這是因爲設計部門的圈員知識水準高，具有對品管圈活動易於親近的資質。加之，他們的工作都是比較可以以自己的方式處理，所以有容易向品管圈活動挑戰的好環境。

　　因此，剩下的就只有他們有沒有意願積極去向圈的活動挑

戰的心情而已。關於這一點，是有賴於推行委員及圈長的活動
者，而這些要點已經在前面都作了種種敍述了。

那麼，在設計部門的品管圈活動已經進入到成熟的階段
時，接下來就必須要對「設計品質之提高」有關的活動課題挑
戰了。到了這個時候，應該已經對 QC 手法的驅使已達到相當水
準；因此當然首先要對「設計品質之高度」究竟是表示什麼意
義加以分析，繼之對於「提高設計品質之要因」作特性要因分
析。

如此，則大概這時候，我想可以明白地瞭解到必須解決的
重要要因是設計者本身固有技術與知識之提高問題，及另一個
是如何將個人的技術及知識變成公司全體之物。也就是變成設
計者共有之訣竅的問題。

品管圈活動進展到這種階段時，也許設計部門的做法及管
理制度會明顯地呈現有從根底加以改善及改革的必要性了。

六、間接部門的 QCC 活動

在現場中，有直接生產產品的直接生產部門和擔負輔助任
務的間接生產部門兩種。修理、維護、電氣、動力、計測、運
輸、吊車、檢查、分析、試驗、倉庫等均爲間接生產部門。

所謂現場的品管，就是圓滿地完成品質、產量（交貨期）、
成本、紀律、安全這「現場 5 大任務」的工作。爲了完成這些
任務，推行管理與改善，只有直接生產部門是不行的。直接和
間接部門都必須推行，協調合作是重要的。

因此，在工廠裏，不論直接或間接部門都組織品管圈，這是實際情況。

有這樣一種說法：「雖然和直接生產部門一樣地組織品管圈，但是間接生產部門的品管圈就是不活躍。」其原因可舉出以下幾點：

(1)由於不直接生產產品，品質意識不強。

(2)工作成果難以直接地反映到產量和減少不良品上來。

(3)每個人的工作不同，各自的專業性強，難以樹立全員的共同目標。

(4)工作的場所或工作的內容不斷的變化，沒有和夥伴們一起做工作的機會。

與直接生產部門相比，間接部門往往處於不受重視的地位。要使這種部門的人員能夠做到：

(1)認識到擔負著生產的一部分任務的重要性。

(2)透過工作而產生出勞力和生活。

(3)謀求個人人格和技能的提高。

(4)具有身為企業人員的覺悟的原動力，除了品管圈之外，別無其他了。

組織品管圈的基本原則，不論直接或間接部門都是一樣的。但是，也有上述不同的情形，這裏僅舉幾點注意事項。

1.要把品管圈作為學習園地

要把固有技術學習會、技術表演賽和管理技術研討會等列入品管圈的課題中來。

2.要從創造交談的場所條件開始

比如說，開吊車的人員在早晨上班前和夥伴們見了一面，以後就分散到各自的吊車上，整天都沒有見面的機會。因此，要把每週相聚一次，相互交談作為品管圈的活動。先從身邊的、共同的話題開始，逐漸往管理與改善方面引導。

3.要考慮更多的安全和降低成本

工作的場所或內容雖不同，但保證安全和降低成本的任務卻是共同的。

4.要把品管圈活動和提案活動結合起來

為了提出提案而思考，把思考出來的方案予以實施，這就叫做用品管圈去推行。透過提案的辦法，就會提高問題意識和改善意識。

5.要使大家都有各自的目標

大家以達到主管的方針為目的，各自都有其需要做的工作。把這作為每一個人的目標，做到每月一次，大家聚到一起相互交流、彙報各自完成任務的情況。

6.要和有關的生產部門的人員組成聯合小組

例如，做維修的或計測的人員，透過和做設備運轉的人員組成聯合小組的做法，將成為有效的管理與改善的條件。

七、事務部門的 QCC 活動

事務的範圍是很廣的，可分為營業、經營、計畫、人事、勞務、資材、財務等統稱為事務部門的工作，和研究、技術、

設計、生產、檢查等統稱爲技術部門中的事務工作兩大類。

（一）QC 是以產品的品質爲對象的活動

一般都用「事務的 QC」這種說法，以示與「事務部門的 QC」的不同。「經濟地生產出顧客所滿意的產品」，叫做 QC，其對像是「產品的品質」。但若把這種含義擴大到「工作的品質」上，那就成了把「事物工作的品質提高」這樣一種說法。

當然，提高事務工作的品質也就是事務作業的合理化，和現場的管理與改善是同樣重要的，積極地進行下去確實可取的；但把它稱爲「QC」的說法是有疑問的。若這種說法擴散開來的話，本來意義上的 QC 方法就有被誤解的可能。與其稱爲「事務的 QC」，不如稱爲「事務的合理化」或「事務作業的改善」。QC 始終是作爲「生產爲用戶所滿意的產品品質」的活動。

很久以前，各公司都積極地推行事務作業的改善。隨著電腦的普及應用，用電腦進行資料處理，事務作業從根本上重新得到重視，並推行著合理化的工作。

但是，如同生產現場那樣，以現場人員爲主體的工作改善活動，除了一部分之外，並非都是活躍的。

（二）流水作業能夠推行品管圈活動

在每天都重覆著同樣做法的流水式的工作中，和生產現場一樣都能推行品管圈活動。與生產活動直接相關聯的倉庫、運輸、檢查、工程等事務，也像生產現場那樣活躍。

銷售、採購、總務等部門也有流水式的工作。例如，銷售

部門或採購部門的帳目和票據處理業務、總務部門的接待業務、電話交換、郵件處理、管理部門的月報編寫、電腦部門的輸入操作、打電腦卡、核對校驗、設計部門的圖紙管理等都是。在這些工作中，也都能推行品管圈活動。但是，往往不能持久，容易一時流於形式。其原因與現場情況不同：

(1)不能直接與產品的品質、產量、成本、安全等結合起來。

(2)要解決的重要問題不是連續發生的。

(3)其成果難以用數字明確地表示出來。

最近，醫院、銀行等也都引入了品管圈。希望能長期堅持下去。

（三）事務部門品管圈的著眼點

不能像現場部門那樣直接或間接地與產品結合起來進行活動的部門是很多的，與其著眼於效果，不如透過解決身邊的問題，著眼於經常做到以下各點：

(1)消除反覆作業的單調氣氛，創造尊重人性的工作場所。

(2)在工作場所創造互相交談的機會，保持良好的人際間的關係。

(3)使大家認識到工作的重要性，最高責任感。

(4)使之在工作中產生樂趣，使工作場所保持活力。

(5)創造有紀律的工作單位，從而使工作得以順利進行。

(6)消除工作上的失誤。

(7)提高問題意識和改善意識，爲使工作高效率地進行而從事改善活動。

(8)提高服務品質，滿足客戶要求。

因此，在各公司所提出的課題中，屬於對自己工作的改善和對工作單位環境的整頓內容各佔一半。

（四） 事務部門的 QC

事務部門中的大部分的人都負有身為 QCC 的一環，把 QC 推展下去的使命。

特別是買原料的採購部門、賣產品的銷售部門、保管原材料和產品的倉儲部門等為主要的對象部門。這些部門的工作對產品的品質有直接的影響。因此，和生產部門一樣，為了進行「經濟地生產出為顧客所滿意的產品品質」的活動，必須與技術和生產方面的人員合作。作為各部門 QCC 的一環，其主要作用如下：

(1)倉庫管理規定健全，準確地進行入庫、保管和出庫，掌握庫存量。

(2)制訂採購技術條件說明書和入庫檢查標準，在實行切實的驗收的同時，對不良品予以處理。

(3)在完善地保管以避免材料變質或異材混入等的同時，扎實地進行出庫時的品質檢驗。

(4)探討合理的庫存量，避免發生庫存超儲或不足的現象。

(5)在運輸時努力避免發生破損或變質。

第七章

如何確保 QCC 品管圈活動的成功

一、經營者對公司是否抱有理想

　　S 公司是中堅型的廠家，從五年前就開始實施 QCC 活動而且已經有相當的改善成果，近一兩年來覺得活動有些停滯的現象。該公司董事長說：

　　「QCC 活動在最初一二年進行得非常活潑，成本降低的效果也很大。這種活動繼續進行四年五年就會變成形式化。現在品管圈活動及品管大會也照樣在做，但是難望有效果。總之，改善活動過了一巡之後，大概要以現場的小集團活動來解決問題恐怕很難辦到。」

　　除了對生產現場的管理系統、操動率、實施效率、佈置等作了調查之外，並從各主辦人員聽取了關於 QCC 活動的改善成果及營運狀態。

　　結果，原來該公司的 QCC 活動，完全是只以提高生產力及降低成本為對象而已。始終都在實施不知品管（QC）意義的 QCC 活動。

　　理由是很明顯的。因為擔任 QCC 推行委員長的董事長是為了實現降低成本而導入了 QCC 活動，並非提供顧客喜愛的品質之商品為目的，所以不是有關降低成本的課題，推行委員長都會指導圈長變更課題。

　　由於董事長親身擔任推行委員長站在陣前指揮，所以開始的初期，QCC 活動推展得很活潑這是當然的。因此降低成本也就相當有效果。由於是以降低成本為目的之活動，故選取降低

成本之效果較大的課題優先實施。可是，速效性的課題不會永久有那樣多。繼續推行一年二年之後，速效性的效果大的課題漸漸沒有了，剩下的都是一些本質性的、需要花時間才能解決的困難課題。

這時侯，QCC 活動叢該董事長來講很快地已經變成沒有吸引力，褪了色的活動了。當然，董事長已經不會像以前那樣熱心去參加 QCC 活動。結果帶來 QCC 活動的沈滯化。

假使該公司董事長的想法是希望該公司能有充滿生活意義的員工，而由員工的自我啓發繼續不斷地實現非凡的成長時，QCC 活動就成爲實現該公司董事長的理想公司之最佳手段。

不管如何，QCC 活動乃是實現董事長（或其相當地位之人）的理想之手段。因此之故，若公司董事長不具有理想公司的明確形貌時，真正意義的 QCC 活動很難紮根。

QCC 活動乃是實現公司董事長的理想之公司形貌的手法。如果董事長本身對公司沒有理想的形貌，而只有員工在勤於自我啓發，並期待有一天會變成一家優秀的公司，這是絕對辦不到的。因此一定是董事長爲了實現自己的理想之公司形貌，將全公司員工投入 QCC 活動之中，並擔任主導任務。

只要能實現上述的作法，QCC 活動之導入可能一定會成功。因此，即將導入 QCC 活動的公司不管怎樣，最先一定要董事長對 QCC 活動之本質有瞭解並相信其威力而成爲此項活動之信奉者。主持導入 QCC 工作者，對此點必須要充分加予關切。

具體地講，即要想盡辦法使董事長對 QCC 活動爲何物有所瞭解。對經營者的說服，利用實例說明是最好。即要顯示給董

事長,與本公司具有同樣困難的公司由於實施 QCC 獲致了如何大的改善。而讓董事長自己有意去讀 QCC 的書。此時選一些最符合董事長之嗜好的書推薦給他。同時,有可能的話,有適當的公司在舉行 QCC 活動的發表會時,請董事長去參觀。這些最好都能按部就班去實行。

有時候是董事長自己想要導入 QCC。此時,由於有些公司是不能以董事長一句話全公司都可以動起來。所以董事長要考慮究竟要拉什麼人來。這種人應該以除董事長以外的人中去選最有影響力的人物,最有說服力的人,最受現場員工及推銷員信賴的人等。

此時,並不是單單得到對方的贊同說「董事長所說的太好了,應該推行起來會很好。」而是非要對方說:「這種活動很棒,我們一定要來實施,董事長請支援我們」這種反客為主的程度不可。

不僅要靠董事長對他們熱情地說服,而是要使得他們自己去用功、研究,自己去發現認識 QCC 活動之價值。因此,董事長最好是採取與他們共商 QCC 活動之導入事宜,以他們的意見決定是否導入 QCC 的態度。並且提出:

「因此,QCC 活動到底為何物?有無實際價值,要請大家作個研究」的要求。派他們去參觀 QCC 實行很活潑的其他公司也是很有效的辦法。如果他們是很認真的人,對公司的工作多少有一點工作意願時,應該會對董事長此項要反倒客為主,變成 QCC 活動之信奉者。

二、經營者對 QCC 之本質是否瞭解

S 公司董事長採用了 QCC 只作爲降低成本之手段。但是他絕對不是對 QCC 的本質沒有瞭解。他對於 QCC 在實現企業的體質改革上爲有效的手段一事，具有充分的瞭解。

只不過他認爲眼前的降低成本之效果對他更爲珍貴。這一點大概是基於他的企業觀吧？他視企業爲創造利益之機關以外，不作其他看法。因此，他是一個對於在企業內工作的員工之人生及工作意義不去深入關心的人。在這種情況之下要讓 QCC 活動能夠紮根下來是很難想象的。

但是 QCC 活動沒有成果的企業，其大半的例子跟 S 公司的情形根本不同。這些公司的董事長多數對 QCC 本質沒有瞭解。這種情形比起 S 公司其成功的可能性要高出很多。因爲你只要讓董事長（或其代理人）瞭解 QCC 的本質就可以了。

在 QCC 活動推行之際「獲得頂層主管的瞭解」是極爲重要的。可由於這種原因而 QCC 活動活性化受到妨礙的例子仍然很多。這是爲什麼呢？

最大的原因是董事長（或其代理人）沒有參加品管圈活動。在 QCC 活動開始時，差不多各公司都由董事長或代替董事長的高級主管人員作激勵性的講話。因此，QCC 活動爲何物，頂層主管人員不可能完全不瞭解。爲了 QCC 推進組織之編成、教育預算之審議等，在董監事會對於導入 QCC 之宗旨應該都作過很多次說明。各高級主管也應該已經受過這方面的教育。

　　雖然如此，還對 QCC 本質不瞭解者很多情形是因為他們所得的瞭解都是從講義或書本上得來的。在過著繁忙的時間中，早已忘記了。

　　頂層主管在其立場上對事物的評價基準是很明確的。他們的基準是針對企業利潤之獲得方面來判斷該項活動之有效與否，稍不留意就很容易只看眼前的成果來下判斷。這可以說是頂層主管人員之習性同時也有其不得已之一面的。

　　可是，在 QCC 活動之初期（一至二年）如以這種頂層主管人員的習性為基礎去評價 QCC 活動時，便會產生問題。原因是品管圈活動乍看之下，改善的進度好像實在很慢。

　　因為差不多所有的改善案都會讓人覺得「這種程度的改善案根本不必推行什麼品管圈。」看到這種情形，雖然頂層主管人員自認自己對 QCC 活動之最終目的乃在改革企業體質一事已有所瞭解。但還是會在無意中說出「能不能提出更有效果的改善案？」這種對品管圈活動的批評。

　　如果事情到此程度還不算最壞，假使頂層主管一再地持有這種相同印象時，則會對品管圈活動益增加不信感，最後變成「QCC 活動對提高員工有自主性情緒也許有幫助，但實質上的改善效果恐怕很難期待。」其後很難保證不會變成接近於不關心的狀態。如此，則 QCC 活動之推進力一定會大減退。

　　於是，身為 QCC 推行委員者，為了使頂層主管從心裏徹底瞭解 QCC 活動之本質，必須去下一番功夫。最有效的方法是讓頂層主管也參加品管圈。都由董監事組織的圈或董事長與秘書兩人的圈都可以。假使頂層主管本身也有意以品管圈之一員去

實現職場中之改善工作時，一定對有關 QCC 的本質之事項會得到親身體驗的瞭解。

例如 QCC 活動的真正成果是改善案之徹底實踐的程度比改善案之如何豪華重要；或自己思考自己工作內容的改善案，比單純的改善活動還要具有一種自我改革之決心；由他人看來雖然很應該的事，也是很有價值的。等等會使其對這種事實獲得實感。

結果，頂層主管可以真正瞭解 QCC 活動之本質。如果真正有瞭解的話，對稍差一點的圈的活動也會予以寬容。並耐心地去支援，結果便會有很大的成果。

三、高級主管有無扮演積極推進的角色

有一位聽講的人說：「我的公司也從去年夏天開始推行 QCC 活動，到現在已經快一年了。我對此項活動寄予很大期待，曾經決定推進委員，編定教育預算，作了很多支援以期活動能夠順利，但活動開展得並不如意。不曉得應該怎樣好，根據剛才先生所講，你是強調董事長要以身作則站在前頭發揮領導精神，可是品管圈活動應該是要自主性的進行，每一本書上都說圈的結成、課題之選擇，都要儘量尊重其自主性。因此我都儘量地這樣做了。但是事實上我是希望他們能更強有力的推展。假使要尊重自主性的同時也要發揮更強的領導力，具體地講我應該如何去做呢？」

提這個問題的人是擁有員工一百三十人左右的建材製造商

的董事長。經過跟他交談之後發現是一位非常認真而熱心的人，同時對 QCC 活動的本質也很瞭解。

但是，惟有一點他想錯的地方是他很頑固地相信「品管圈活動是自主管理活動，所以一定要讓其自主地活動」。的確，在品管有關的書上都是這樣寫的，但是對於這一點有極大的懷疑。

因爲實際在現場，等待品管圈擴散到全公司並都讓其自主地去結成，並沒有任何意義。同時，品管圈活動的推展方法，由推進委員來指導與由董事長來指導，並沒有什麼不同。

當然，品管圈活動應該要自主地被營運，否則 QCC 活動不會是真的。但是，這些只要是在結果變成這樣就可以的。要讓其在什麼是 QCC 都還不清楚的階段，就一定作自主性的營運是沒有意義的。

如果一定要拘泥於那樣的做法，QCC 活動要普及到全公司需要經過很長時間，成爲非常沒有效率的做法。同時想要避免沒有效率，實際上還是要使用種種職位上之力量來發揮指導力，結果會變成只是原則上強調自主性的一種很奇妙的情形。

因此，在 QCC 活動之導入期的最初一至二年間，要採取強力的由上而下的方式，灌輸品管想法及品管手法於全公司。當然，要儘量尊重自主性，並進行大量的指導，使其應該有自主性的活動。

不知道鋼琴價值的小孩學習鋼琴時，父母會怎樣做呢？對完全以隨意的心情練習鋼琴的孩子，父母會不會說「讓他自主地學」而放任不管嗎？如果這樣的話這個孩子大概永遠不會彈鋼琴吧，所以，最初還是要罵她也一定要讓她養成坐在鋼琴前

的習慣,並帶地去音樂會或發表會等,培養使她對鋼琴會發生興趣的環境。

QCC 活動的頂層主管要發揮強的指導力,在考慮其將來會成爲自主性的活動的情況下,給予指導。如果認爲已經組成了推行的組織所以任由他們去幹就可以的話,事情是不會成功的。頂層主管一定要親自扮演熱心的推進之任務。

爲什麼呢?因爲頂層主管才是希望推行 QCC 活動的人,也是希望由 QCC 活動來革新公司之體質的人。

四、品管圈的教育活動是否充分

推行 QCC 活動自然會提高員工的問題解決能力及問題發現能力。但是並不是說不管推行的是怎樣的品管圈活動都可以實現能力的提高。一定要繼續不斷反覆進行正確的品管手法,使用正確的活動之推行方法,能力的提高才可以實現。

可是,常會看到的例子是對於這一點並沒有認識。以爲只要改善實現了就可以,以這種態度在推行品管圈活動。例如,決定了某項具體的改善課題便很快速地思考改善案,然後大家來實施改善案。如果產生效果大家就非常高興地說「太好了,太好了」。

的確,只要這樣,改善的活動也可以說大有價值了。同時這種活動繼續推行下去,也許會認爲可以培養具有繼續提高自己的工作品質之態度與姿勢。

可是事實上不然。這樣的活動早晚定會阻礙難行的。什麼

時候會受阻呢？那是在改善的課題是真正重要及困難之時。一時心血來潮的改善案，在不知如何是好時，會一下子就停頓下來的。

像這樣的時候，如果平時就採行正確的品管手法，累積訓練了很多品管手法之使用方法的圈，會不慌不忙地很扎實分析問題，可以找出具體的解決之方策。但是如果只以一時心血來潮的方式繼續推行活動的圈，會變成完全無從下手的情形。

因此，在指導的態度方面，一定要以品管之想法及手法來進行，用以獲得改善成果。否則便不能稱之謂品管活動。

同時，為了要使得能夠用這樣的態度去指導，可說一定要對品管的想法及手法施以充分的教育不可。如果對品管之想法有充分的教育時，絕對不會變成只追求改善的效果之活動。再者，如對品管手法有充分的教育時，問題一定會依照品管手法去作科學的解釋，結果便會變成改善的成果而實現。

因此，在品管圈活動，品管的想法及品管的手法之教育比什麼都重要。如果怠忽這種作法時，品管圈活動就會變成與單純的改善活動沒有一點不同，終於會受阻而褪色。

五、QCC 推進中心是否強有力

N 公司聽到與自己公司有交易往來的顧客實施 QCC 的情形，決定自己的公司也一定要導入 QCC。

經過自己看書，出席有關演講會吸收了全盤知識之後，再請在與該公司有交易之企業擔任 QCC 活動指導具有經驗的某

經理，每月二次左右，利用星期六休假日到公司來作指導工作。
經過兩個月四次左右的教育之後，即選任推行委員，結成品管
圈便開始 QCC 活動。很不巧，當時適逢 N 公司進入了繁忙期，
全體員工都大忙特忙起來。

　　N 公司的商機是春秋兩次，在突入商戰之前的約三個月，
差不多連續每天都要加班兩小時。一般員工都是這種狀態。如
果是管理者階層的人每天晚上非要到八時是才能下班。在這種
情形下，單單要趕著按時交貨已經是精疲力盡了，那裏還有時
間去從事品管圈活動。出席每月、兩次的外聘先生之講課者，
也從原來預定的人數降到二分之一至三分之一的狀態。

　　結果，從開始實施一直到約三個月後，品管圈每天差不多
都陷入了開店休業（意即店是開了可是沒有買賣）之狀態。

　　一旦在開始時遭遇失敗的 QCC 活動，要使其回覆本來的狀
態是非常困難的。因爲經過了幾次的圈活動之經驗，也大體上
都受過品管圈教育，在這種半生不熟的狀態之下的員工，對品
管圈已具有了「品管圈也不過是如此而已」的概念，已經完全
沒有新鮮感了。對缺乏新鮮感的活動是沒有辦法有期待感的。
想要對沒有期待感的活動積極去挑戰是很痛苦很困難的。

　　爲什麼會變成這樣呢？是否因爲沒有避開繁忙期而便開始
實施品管圈活動所致呢？我不認爲是這樣。這一企業的繁忙期
是每三個月一次的，如將品管圈之開始時期使之不與繁忙期衝
突，則最初的集中教育一定要在繁忙期實施。結果仍然相同。
再說，如果品管圈活動不能在繁忙期開始，則全年都繁忙的企
業，不是變成永遠都沒有辦法導入 QCC 活動了嗎？真是開玩

笑，N 公司的情形，品管圈活動之開始時與業務繁忙期重覆寧可說是最好不過的。在繁忙期，更能使職場中的問題點顯現出來。因爲是繁忙期更能痛感有改善的必要性。由於是繁忙期，所以改善的效果可以即時顯現。因此，「因爲是繁忙期才一定須要推行品管圈活動」。

　　N 公司導入品管圈活動的失敗原因在那裏呢？那是因爲未準備有強有力的推動組織的關係。

　　品管圈活動是徹底的自主性改善活動。自己對本身的工作現狀作縝密的調查，找出問題點並自行思考解決之方策，以自己的努力去實施該解決方策，同時須自己測定效果。也許想起來會覺得真是很麻煩的活動。對這種活動一開頭即具有興趣並感到很有趣去參加的員工，其數不多。差不多所有的員工都感到不得已而參加，這才是開始時的狀態。

　　何況正忙得不可開交的時間，那更不用說的了。在他們來講有「眼前的工作最優先」的冠冕堂皇的藉口，除非有能使員工們動心的強有力的力量，否則要他們積極地向品管圈活動挑戰是辦不到的。

　　此時，能打動員工之心的力量是什麼呢？絕對不是上司的命令。他們對上司的命令之對付方法是「將此工作如期完工與品管圈活動是那一個重要？」這種反擊。能夠使他們動心的只有推行委員及圈領導人的獻身性努力及使命感所發出來的熱情，除此之外無他。

　　當然，董事長之激勵的話及管理者的支援都是必要的。但是以這些爲背景的「現在才是必須使 QCC 活動在本公司紮

根」，這種推行委員及圈長的使命感爲基礎之獻身性的努力，才能使員工面對圈活動去努力。

因此，可以說，一定要先造就可以推展此種 QCC 活動的推進委員、幹部、圈長。

六、各品管圈是否選定了正確的課題

食品批發商的 H 公司會計課的五人品管圈，他的 QCC 活動課題是在經費節減中特別認爲非會計課人員不能管理之「利息負擔之減低」。在公司內之品管圈中，如果以此課題爲目標去努力，除非會計課的品管圈沒有人可以辦到的。因此，在會計課來講可以說是適當的課題。

但是這個課題以剛開始推行品管圈者來講是太大而且複雜及困難的課題。因此，這樣的課題提到 QCC 推進委員會申請作爲圈的活動課題實施時，推進委員要予適當的指導，讓其變更課題或集中縮小課題。這是因爲最初的挑戰課題會使品管圈活動變成有趣或無趣。

以 H 公司的會計課的情形，該圈曾以「利息負擔之減低」爲課題，就增加利息原因加以考察。關於特性要因圖將在以後另述。總之，這是將引起「利息負擔之增加」的現象之要因，以儘量容易看懂的因果關係的方式加以整理，列舉成能一覽的魚骨形之圖予以表示者。

從這一張特性要因圖，大概可以看出增加利息負擔的現象是那麼多的部門之要因所引起的。包括屬於營業人員之意識改

善的應收帳款回收問題，及從業務部門到倉庫部門更到營業部門的庫存管理問題，銀行或一般景況有關的實效利息問題之處理、顧客及供應商之間必須解決的付款條件問題，更加上頂層主管人員之決策領域的資產投資之問題，都是引起「利息負擔增加」的現象之要因，實在涉及很多領域。

這些要因每一項都是重要的經營改善課題，因此總希望有一天都會被採作品管圈活動的課題。但是一開始活動之初即作為活動之課題是太困難而不適當的。因此，此時不要採用像「利息負擔之減低」這一類太大的課題，而以特性要因圖上所表示出來的較細的課題，如「應收帳款之適正化」或「帳款回收率之提高」等要因作為課題為宜。

那麼，「應收帳款的適正化」或「帳款回收率之提高」對會計課來講是否即為適當的品管圈活動的題目呢？那也未必。雖然可以說比「利息負擔之減輕」好，可是多少還是有問題的，這是因為這兩個課題，都不是只靠會計課人員的努力就以改善的課題。

直接擔任此應收帳款及回收率之改善工作者都是推銷員們，會計課人員只能對推銷員提供適時的正確情報，幫助他們活動而已。當然，會計課這種活動是非常珍貴的，是有價值作為品管圈活動課題的。

但是，剛開始時要選取的活動課題，仍是以只要靠自己的努力就可以創出成果者較為適當。因為這樣努力的結果才可以變成明確的成果之形態顯現出來。

品管圈活動絕對不必要以追求眼前的利益作為成果。可是

既然要實行圈的活動還是以作了之後有顯然的成果之活動課題較可以感受到成就感。也可以邊享受邊推展活動。

所以不必去追求與「利息負擔之減低」之類，與利益直接產生關連之成果也可以；最好是選取可以很明顯地看到自己的工作之質已提高了之成果的課題。也就是說與其選取「應收帳適正化」或「帳款回收率之提高」之類的課題，不如以採取「應收帳款管理精度之提高」或「根據回收速報提供確實的回收情報」作為初期的活動課題為適當。

如果是這樣的活動課題，以會計課人員之努力就可以實現其成果，也可以獲得推銷員們之歡迎。而這種活動的結果，一定會產生「應收帳款之適正化」或「回收率之提高」。

根據這些想法，加以綜合起來，最初期的活動課題是以不要選取太大或太難的，只要自己圈的人努力就可以實現的課題為佳。只要是可以提高自己的工作之質的課題，結果一定會與具體的成果結合在一起的。因此，不直接與企業收益連結的也可以。只要選擇可以提高自己的工作之質的課題而可以早一點獲得成功體驗者即可。

七、QCC 推進中心的成員選定

在 QCC 活動的導入初期，特別需要有強有力的推動組織。那麼到底要組成怎樣的推動組織才好呢？

先從形態方面來講的話，在各職場中都有數人一組（五至六人為理想）的品管圈。五到八個的圈長集合起來作情報交換

及研究的圈長會議。此圈長會議由推進委員中之一人來擔任營運指導工作。而推進委員也須有全公司性的情報交換及研究會的機會及場所。這便是 QCC 推進委員會。推進委員會的機能是除了情報交換及研究會之外，尚有全公司性的品管活動方針之設定與營運方法之檢討等。其營運是在推進委員長之下設有幹事會來帶領的形態。此種組織是獨立於正式組織之外的，是不具有強制力者。

圖 7-1 是以假想有數目眾多的品管圈為例者。如果是員工人數不多的公司，可以減少推進委員所擔任的品管圈數以求平衡即可。就經驗來講，每一推進委員所能擔任的品管圈數為七至八個以下，推進委員則以三人以上為佳。

形態上只要與此圖類似即可並不一定要完全一樣。但是此一推進組織的成員之選定與教育須作充分的考慮及關切。理想的情形，是 QCC 推進委員長由董事長或其代表者擔任。推進委員則不管正式組織上之地位，以選擇對品管活動之旨趣最有瞭解能發揮強的領導力之優秀人才為佳。再者，品管圈圈長要以在職場中有威望，會將眾人誘導向一個方向的人為理想。幹事會成員因為是半專業的，須從事品管活動之推進方面的協助之任務的人，所以必須是品管的公司內專家，具有品管專家之見識及指導力。

可是，像這樣理想的組織，是否能在即要導入 QCC 活動的公司馬上編成呢？大概有一半以上的公司是不可能的。特別在員工二百至三百人的中小企業，雖然說是脫離正式編制，要選出推進委員事實上是很難的，因為從各主管以外要去選取適任

者是極爲困難的事。

圖 7-1　QCC 推進組織之例

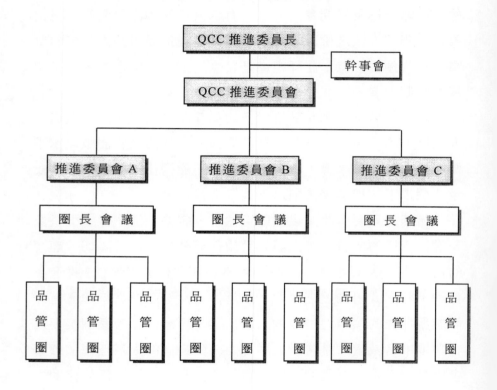

　　假定斷然地拔擢年青能幹的員工擔任推進委員時，恐怕在實際的品管活動不會很順利。因爲老資格的員工及前輩者的圈長們是否會聽從年青的推進委員之指導很有問題。特別是在導入的初期推進委員之力量也不充分，加之各圈的圈長及圈員意識也不高，因此以拔擢新人充當推進委員的作法結果失敗的可

能性極高。

　　因而，對於推進的組織之人事安排宜分爲導入階段及紮根後之兩階段，以不同的方針來處理較符實際，也較理想。也就是在導入階段要選經理、課長或股長這種主管人員之中品管意識高，指導力優秀的人擔任推進委員。同時圈長也要選任各職場中發言力強的人來擔任，以期編成品管推進的組織之指導人儘量爲能力很強者。

　　到了品管圈活動紮根了之時期（約導入後兩年），QCC 活動要開始進入第二階段。將已往較偏重於由上而下的活動改變爲完全的由下而上型的運動作再出發。此時可以將推進的組織之人事重新安排。即實施不依賴由主管人員來擔任指導的理想的組織編組。因此，要在過去兩年的品管活動的實績中培育可以在此時任命擔任推進委員的人才不可。

　　那麼實施此兩階段之組織編組，並將正式公司組織編制上的主管人員納入導入時期推進的組織中以加強指導力，是否這樣便可以完成十分理想的推進組織嗎？當然不。除非對此組織再施予徹底的教育訓練，否則再怎麼具有主管人員之指導力，也不一定能作正確的發揮。要期待品管活動能作正確的推動，對此組織一定要施予下面的教育訓練。

　　①賜與使命感，決心作自我變革的教育。

　　②使精通於品管的想法及手法的教育。

　　③指導品管圈活動的訣竅之教育。

　　這些訓練對於推行委員及圈長都要予以徹底實施。

八、QCC 推進中心成員的使命感

要給予推進組織之成員（推進委員）教育的目的是讓他們具有使命感及自我變革的決心。

「透過改善活動每一個員工都可以培養解決問題之能力，並學習到有意義的人生之生活方式。」我們希望每一個推進組織的成員都具有對被選定來擔任這種非凡的活動之導入及推進的工作而感謝，同時以自豪的心情來向此活動挑戰。

實際上，導入並推展 QCC 活動，不僅對公司提高收益力作貢獻，同時也提高每一員工的個人能力，更提供了有意義的快樂之職場及人生。因此推進組織的成員是擔任了很有價值的業務，所以應該下決心「必定讓活動成功」。

假如推進組織的成員既無此種決心亦無感謝之心，而只是認爲在作改善活動之幫閒，則品管圈活動絕對不會有成果。以這種態度指導的品管圈活動不可能改變員工對事的想法，也不可能使活動活性化。

品管圈活動的終極目標在於使每一個員工對工作及人生的態度產生變革。這樣大事業的推進組織之成員如不具有使命感那裏還會有成功之可能。因此，一定要請推進組織之成員燃燒著對全體的使命感來向此活動挑戰。

如果具有這樣的使命感時，推進組織之成員們便會覺得自己本身的工作態度之變革比什麼都優先，而決心去進行自我變革。所以施於推進組織成員身上的教育，首先應該是一定要使

其實現使命感之感悟及自我變革之決心。

這種教育有什麼方法可以來實現呢？分成三個階段：

第一階段是對將來 QCC 活動已經在職場完全生根的實態與我們自己的職場之實態間的大差別，讓其有戲劇性認識之階段。在導入期的推進委員及圈長中，多少有些有心人的管理者被選擔任，當他們知道了事即時，一定對自己公司的實態產生衝擊性的反省。

第二階段是讓他們感覺到創造出這種必須反省的公司之實態者，正是自己本身的生活態度及生活方式。在此一階段要介紹給他們為了 QCC 活動之導入及生根而作獻身性的工作之管理者的態度。並與自己日常的工作態度作客觀性比較。

具體的作法是，實施推進組織成員日常工作態度或對部下的態度問卷調查。實施對象為推進組織成員本身及其部下並考察其差異。此時也要準備有 QCC 活動已經完全生根的公司，其管理者的問卷調查的結果來作為比較之對象。

第三階段是，讓他們發現自己的工作態度及生活方式之問題點，明瞭須怎樣去努力解決該問題，同時決心由該項努力來實現自我變革並與夥伴們共同立誓。在這個階段裏，推進組織的成員之徹底的討論，是以第一二者作協調的形式來進行的。每一個推進組織成員通常須花三至六小時。

經過以上三個階段，推進組織之成員除了決心自己變革之外，同時會感到對 QCC 活動之推進的使命感。我們將此教育訓練稱為 S-P（Self Innovtion Program＝自我革新計劃）。而這個以 QCC 活動之推進為目的的教育，一定要先於任何的教育去

實施。

九、QCC 推進中心成員要精通品管手法

推進組織之成員一旦有了使命感及自我變革的決心之後，其次要學習的事應該是品管活動之內容吧，所謂品管活動之內容乃是指品管的想法及實踐該想法之手法。關於品管的想法及手法，任何人都可能懂、理解而充分利用。此點乃是品管圈活動之優秀背景所在。也因為品管的想法及手法平易，因而使得現場的任何人都能夠參與品管圈活動之計劃。

但是，另一方面，由於手法太平易的關係，使得推進成員在學習這些手法之際，對之輕視而犯過錯的事偶而會有。尤其從個人來講很優秀有問題解決能力之人常有這種傾向。

因此，在實施教育時必須注意這一點。在實施教育時，教的老師應予關心的事並不是「品管的想法」被教的人有沒有瞭解，而是有沒有學會了。要實踐這種教育，採取片面式的講義是不行的。要儘量用很多的例子來討論個案研究方式，或透過自己職場中的實際問題之討論來教育並且要一再反覆地進行。

實施教育的機會其中之一便是圈長會議或推進委員會。因此，雖然在品管活動導入前要儘量實施教育，但是教育並不是這樣就全部終了。至少在兩年之間要繼續不斷舉辦研習會。在以後大概便會自主地繼續進行了。

另一方面，關於品管手法全部都實施過的話，其後就是要有機會便用上去，要儘量多用以期熟練，除此之外別無他法。

再者，在反覆一再地使用這些手法之中，自然便會學會品管的想法，可以有相乘效果。所以在反覆實施想法的教育時，也要盡可能使用品管的手法。

再者，此處所說的品管手法雖然指的是一般所說的品管七手法，但是品管手法並不限於這些七種。為了實踐品管想法在經營上成為有用的手法，不管其手法之名稱為何，都可以成為品管手法。因此，為了實踐更高度的品管活動，必須學得更高度的各種手法。而且這些也可以說是品管活動之重要內容。

十、要有定期的品管圈活動成果發表

所謂品管圈大會乃是全公司或全工廠這一類屬於公司規模的品管活動之發表會。在品管圈數太多的大規模公司是採取推薦或選拔的方式來縮小發表的圈數。同時因為是大規模的，所以發表會的舉辦次數普通以六個月一次者為多。

可是，這種品管圈大會是使品管圈活動紮根與活性化最有效果的舉動。可能的話是每個月舉辦最好。

於是我們為了要所有的圈都能作活動成果之發表，同時希望能夠輕易地每個月都能舉辦成果發表會，因而在品管圈大會之外，另舉辦品管圈成果發表會。因為此成果發表會只要有二至三小時的時間便可以進行五至十圈的發表，所以很容易實施，因此每月舉行是可能的。

除了第一次成果發表會不談，以後由於各圈所選定的課題不同，活動所需要的時間亦有異。因此，要全部的品管圈同時

207

開始活動，同時舉行發表會，其本身就有勉強之處。

可是，這樣每個月幾個組的圈舉行成果發表會，經過四至六個月全部的品管圈發表都可以全部輪流舉辦完畢。如此則各圈的發表內容也容易充實。加之，每月聽成果發表會的人，也會對自己進行中之圈的活動之不夠的地方有所察覺，或產生新的構想，獲得很大參考。同時看到別的圈作了那樣優秀的發表會，產生出我們的圈也不能輸給別人的氣概。可以在各種意義上促進圈活動的活性化。

假使在比較小規模的公司三個月開一次品管圈大會可以讓全部品管圈發表成果時，每月的成果發表會的必要性就不大。但是如果能夠採取品管圈大會及成果發表會之雙軌制則更爲理想。

十一、品管圈活動是長效，而不是速效

在推行 QCC 活動沒有成果的公司當中，有時會遇到說本來就不應該實施 QCC 活動的公司。

所謂不應該推行 QCC 活動的意思是，該公司認爲，與其實施 QCC 活動不如推行其他活動在該公司來講會比較有效果。

該公司是一家以衝床及焊接工程爲主，有六十名員工，是一間建設機械配件的加工裝配工廠。在建材業界景氣低迷的情況下，已經連續兩年有了赤字。N 公司的 T 董事長爲了要在還會繼續下去的不景氣中能夠生存，以相當大的決心導入了 QCC。

經過了整整一年，沒有顯著的成本降低成果。品管圈活動雖然很活潑，可是收益總是見不出有改善。因此，員工的調薪及獎金都很顯然地處於無法調高的狀態。

於是，當初對品管圈活動很賣力的員工也很快地幹勁衰退了。整個公司內彌漫著「這樣小的職場改善活動再怎麼努力去做，也不會對收益之回覆有幫助」的無力感。

調查其財務內容、接受訂單情形及生產現場，結果提出的結論是「N 公司不應該實施 QCC」。

理由是很清楚的。因為該公司沒有實施 QCC 的閒暇寬裕了。已經是連續出現三年的赤字了，為了順利改善這種狀態必須要提高生產力 20%。話雖如此，但是只採取提高生產力 20%的措施也是無濟於事的。因為這樣只會導致提早一個半小時下班，員工多出無事可做的時間而已。

應該要採取的對策是一方面設法提高生產力，另一方面也同時要展開猛烈的推銷活動。在董事長來講，與其花時間去支援 QCC 活動，不如將該項時間用於訪問準顧客，努力爭取訂單較為重要。於現場來講，與其推行 QCC 活動，倒不如導入 PAC（Performance Analysis Control)展開徹底的生產力提高運動才是應該的。

導入 QCC 活動一二年便想要達到對收益有決定性影響的成果是很難的。但是如果 PAC，在經過數個月之準備之後開始實施的話，想在六個月後實現提高生產力 20%是極有可能的。假使進行順利的話，一年後要達成提高生產力 40─60%也可以辦得到。如此則成本方面的降低可以增加接受訂單的競爭力，

工作量也可以增加，不必經過多久，達到黑字化也可期待。到那時侯再推行 QCC 活動也不遲。毋寧說這種作法更容易使品管圈活動紮根。

像這種必要有速效的成果之企業，有比 QCC 活動更適合的活動。因此可以說要充分瞭解種種活動之特點之後，導入適合自己公司之狀態的活動。

QCC 活動在紮根之時，可以說不必要再有其他活動。但是 QCC 之是否適合自己公司現狀的活動必須先作充分之檢討。幾種不同活動同時導入時，結果會變成每一種都不會順利是很明顯的，所以必須徹底研究考慮自己公司現在最適合推行的是何種活動。

第八章

QCC 品管圈活動成果

一、QCC成果發表會的圖表製作方式

1.圖表製作的目的

(1)「讀書」理解不如「眼看」學習來得容易，以圖方式使人一目了然。

(2)借生動活潑的畫面，提高學員學習效果及發表會氣氛。

(3)發表者借助圖片進行重點說明，使發表更流利生動。

2.圖表製作工具

(1)投影片

①A4 尺寸 0.1mm 厚

②購買地點為影印機器材行、文具店。

(2)筆

①以油性筆劃寫。

②以黑、藍、紅色筆標明主題。

③以其他色筆描繪圖案。

(3)其他如尺、描底紙等文具用品輔助作業。

3.圖表製作技巧

(1)字多不如圖多

①文字講求精簡。

②多用活潑生動的圖形。

③具有動感與新鮮度。

(2)字體端正清晰，並有一定大小。

標題：1.5cm×1.5cm

內文：1.0cm×1.0cm

(3)主題的完整性與連貫性

同一主題不要分別寫於二張投影片上。

(4)製作步驟

①將要書寫的主體準備好，如資料、工具。

②透明片四邊各留 4.5cm 以便裝裱及免於邊緣投射不清。

③按順序書寫主題及內文。

④加插富創意的漫畫，使氣氛更快樂活潑且讓交流者一目了然。

⑤裝裱技巧

①裝裱目的：

a)可將光線局限於框內。

b)便於攜帶收藏。

②透明片以原紙板裝裱，透明片裱入不超 1.5cm。

③最好編上號碼，順序排列。

(5)修改方法錯字塗改使用溶劑

①酒精

②甲苯

③香蕉水

④香水

⑤去光水

以棉花、衛生紙、布沾溶劑，輕拭錯字，待幹後再書寫。

4.製作投影片的 5 個基本原則

(1)簡化畫面，使用簡短的文句說明。

(2)每張畫面，最好只把握一個重點。

(3)將字體寫得整潔清楚。

您做的原稿若能在十尺的距離時看得清楚，您的投影片亦可放映得清楚。

(4)投影片的畫面區域，不要超過 19cm×23cm 的範圍。同時儘量避免有超過 0.6cm×0.6cm 大小的全黑區域。

(5)在重點的部分上加上色彩，以便引人注視，悅目的顏色可以產生各種視覺上的變化。

二、QCC 品管圈發表會的籌備

（一）成果發表會時間程序表

表 8-1

時間	項目
12：40-12：55	大會開始，主席致詞
12：55-13：00	介紹評審辦法及評審委員，發表開始
13：00-13：15	第 1 圈發表
13：15-13：20	質詢交流
13：20-13：35	第 2 圈發表
13：35-13：40	質詢交流
13：40-13：55	第 3 圈發表
13：55-14：00	質詢交流
14：00-14：15	第 4 圈發表
14：15-14：20	質詢交流

續表

14：20-14：30	休息
14：30-14：45	第 5 圈發表
14：45-14：50	質詢交流
14：50-15：05	第 6 圈發表
15：05-5：10	質詢交流
15：10-15：25	第 7 圈發表
15：25-15：30	質詢交流
15：30-15：45	第 8 圈發表
15：45-15：50	質詢交流
15：50-16：10	評審講評（統計，評分）
16：10-16：30	上級講評（總經理、董事長）
16：30-16：35	頒獎、散會

（二）活動方式

(1)為評估 1987 年度第 1 階段品管圈活動各圈活動成果，藉成果發表會使各圈相互觀摩，並藉此提升全體品管圈水準，依品管圈活動年度計劃，特辦理第 1 階段品管圈發表會。

(2)發表日期：中午 12：40

(3)發表單位：製造部門所屬各廠部選派 1 圈

(4)發表地點：福利餐廳

(5)評審委員：董事長、副董事長、總經理、副總經理及品管學會代表

(6)發表資料整理：發表圈及非發表圈之成果資料，應於活動結束（5 月 14 日為截止日）後 2 個星期經廠部主管認可後，送

品管部審核,並納入追蹤。

(7)發表方式:採用投影機、投影片(投影片規格 A4,四週角邊 2.5cm)。

(8)發表時間:每圈發表時間為 15′±2′,每超過 30 秒扣總平均分數 0.5 分,質詢時間為 3 分鐘,預計每圈上臺時間為 20 分鐘。

(9)活動期間:12 月 11 日起次年 5 月 31 止。

(活動數據資料時間)

(10)獎勵辦法:第 1 名 6000 元,第 2 名 5000 元,第 3 名 4000 元,其餘優秀圈各得獎金 2000 元,前 3 名頒錦旗乙面,優秀圈頒獎狀乙紙,以資獎勵。

(11)各圈所需製作費用:由各單位向廠務部實報實銷為原則。

(12)場地佈置工作分配如下:

①座椅、發表台、茶水、盆花、窗戶佈置,黑色板、飯盒由廠務部負責。

②電視、錄影機轉播線路配置及燈光佈置由技術部負責。

③電視錄影轉播、電視配置、場所規劃及其它由品管部負責。

(13)場地佈置完成日期:舉行發表日前一天完成。

(14)本次發表前 3 名,凡派往參加全國性發表會,圈長及發表人得予嘉獎乙次。

(15)參加發表會人員:製造部門所屬全員參加,總公司派員參加,由總經理室調配。

(16)發表會當天飯盒供應,各單位人員應準時,12 點到達餐

廳，並派人向廠務課負責人員領取飯盒（各單位請於 6 月 20 日前向廠務部辦理登記數量及葷素飯盒）。

（三）品管圈成果發表會須知摘要

(A)課（股）長講評內容

①對本圈之輔導情形。

②本圈推行之重點。

③本圈發表內容之補充。

④活動中之困難點如何指導克服。

⑤今後本圈 QCC 活動應努力的方針。

(B)質詢內容

①由課（股）長主答。

②質詢內容限於發表數據範圍內，儘量簡短扼要。

③對發表圈之具體建議。

④發表單位人員不得提出質詢。

⑤質詢人請先報所屬單位與姓名。

三、品管圈活動成果的交流

品管圈活動是群眾性的活動，為鼓勵全員參與，提高品管圈員工士氣，定期進行品管圈成果發佈、交流及評價活動，表揚先進品管圈 QCC 小組，崇尚「人人參與，個個爭先」的企業 QCC 活動氣氛，對企業整體素質的提高和員工精神面貌的改觀具有十分重要的意義。

品管圈 QCC 小組活動報告已形成比較固定的報告格式，主要是依據 PDCA 循環的模式來進行，一般分為如下幾個步驟。

1.品管圈介紹

品管圈介紹一般有如下幾項內容：

(1)圈名。

(2)圈長。

(3)圈員人數/圈員。

(4)活動日期。

2.活動陳述

品管圈活動陳述一般有如下幾項內容：

(1)活動主題。

(2)選題理由。

(3)活動目標。

3.活動計畫

活動計畫一般包括活動計畫表或進度安排及相關項目的負責人，如表 8-2 所示。

表 8-2

項目	日期								負責人
	1/8	2/8	3/8	4/8	1/9	5/9	10/9	15/9	
1.組圈	→								A
2.選定題目及目標		→							B
3.要因分析		→	→						C
4.瞭解事實				→					D
5.設定目標						→		→	E
6.思考對策					→	→			F
7.最佳方案					→		→		G
8.對策實施					→	→			H
9.效果確認						→	→		I
10.標準化						→		→	J
11.成果比較及資料整理								→	K
12.發表及交流								→	L

4.活動實施

品管圈活動實施一般有如下幾項內容：

(1)分析原因，採取對策。

(2)優選方案，採取最佳對策。

(3)對策實施。

5.活動檢查

品管圈活動檢查階段的內容：活動對策實施後的效果確

219

認，是否達到預期的改善目標，是否需要繼續進行改善。並對
階段[生的品管圈活動進行檢查，以確定下一階段的品管圈行
動。

6.下一階段的品管圈行動

下一階段的品管圈行動內容，根據本次品管圈活動的進展
情況再進行確定。

7.品管圈活動報告

四、QCC 發表會會議

發表會議也是品管圈活動的重要一環，通過品管圈會議發
表 QC 小組的活動成果。組織大家觀摩學習，開拓思路，提高全
員參加品管圈活動的熱情，品管圈活動的會議一般有以下幾種
情形。

1.部門內品管圈活動發表會議

部門組織的品管圈活動發表會議，要力求實效，語言精簡，
促進部門內品管圈活動的全面展開。

2.公司內品管圈活動發表會議

公司內組織的品管圈活動發表會議，應力求生動，過程清
晰，有說服力和感染力，促進品管圈活動在全公司的展開。

3.全國性或區域性的品管圈活動發表會議

全國性或區域性的品管圈活動發表會議，應力求圖文並
茂、雅俗共賞，富有創意和感召力，促進品管圈活動在全國性
或區域性地方的全面展開。

4.成果評價

QCC 小組活動和品管圈成果發佈，都可以用 QCC 小組發表的成果水準及品管圈活動的過程來進行評價。常用的評價方法有評分法。如全國性 QCC 小組發表大會評價表，就是評分依據之一，至於公司內或部門內的品管圈活動評價也有專門的表格，一般品管圈活動推進事務局或推進室都有製作。表 8-3 是全國性的 QCC 小組發表大會評價表供參考。

5.交流活動

品管圈交流活動有兩方面的目的，一是想法交流，二是感情交流。

⑴想法交流

QCC 小組活動的開展，離不開一線員工的辛勤勞動和努力拼搏，他們的精神風貌，是企業特質的代表，企業素質是否得到有效地提高，從他們的身上可以體現出來。只有一線員工的積極性充分發揮出來，企業持續發展才有可能。因此，通過 QCC 小組活動的想法交流，發現自己工作中的缺點，改正以後工作中所存在的問題。通過想法交流，總結經驗，提高和充實 QCC 組長的後備力量人選，使 QCC 小組活動蓬勃開展下去。

⑵感情交流

QCC 小組活動的開展，離不開一線員工的同心同德，共同參與。通過品管圈交流活動，聯絡感情，化解矛盾，鼓舞士氣，激勵鬥志，以利於下一階段 QCC 小組活動的順利展開。

表 8-3

發表單位：　　　　　　　　　　品管圈名：

項目	評價內容	評級					
		序號	A	B	C	D	正
題目	題目選定是否恰當	1					
選定	評價特性是否合適	2					
解析 過程	要因分析是否充分確定	3					
	必要數據是否齊全	4					
	是否活用品管技巧解析問題	5					
	是否完全掌握影響問題點的重要 原因	6					
對策 實施	是否依據解析結果提出對策	7					
	對策方法是否具體可行	8					
	對策是否具創意，充分發揮腦力 資源	9					
	對策實施努力程度	10					
效果 確認	效果有無一一確認	11					
	有無改善前後的比較	12					
效果 維持	有效對策是否合理訂立標準	13					
	改善效果有無充分維持	14					
計畫	下期活動計畫是否明確訂立	15					
發表	圖表、發表、交流是否恰當	16					
	合計						
評級	特優圈：①A≥4，AB≥13，DE≤2 ②A≥8，DE≤2 優秀圈：①AB≥9，DW≤4 ②A≥3，ABC≥10，DE≤4 佳作圈：①ABC≥90 努力圈：①ABC<9						
評委		評審					

五、QCC 發表會的評價

表 8-4　總部品管圈成果發表會評分表

圈名：　　　　　　　　　　　　　　　　單位：

項目	評價點	評級				
		A 獨特	B 較好	C 普通	D 稍差	E 特差
選取理由	1.選定之目標是否有價值？					
	2.是否掌握點問題？					
	3.代用特性是否合適（選作解析的特性是否合適）？					
解析及處理過程	1.是否掌握問題之因果關係？					
	2.資料數據是否充分？					
	3.品管技巧的活用程度是否正確？					
	4.改善對策是否實際可行？					
	5.困難程度和努力程度如何？					
	6.是否充分應用想象力？					
效果	1.效果有無確認？					
	2.有無改善前後的比較？（不良率'效率或金額）					
再發防止（管理）	1.改善對策是否訂定標準？（有無採取再發防止的措施）					
	2.改善效果有無充分維持，（有無用圖表或管制圖表示出來）					
檢討（再計劃）	1.將來目標是否具體表示出來？					
	2.全期活動是否符合（計劃→實行→檢查→改善的循環）					
挂圖與發表態度是否良好	1.發表要點是否充分表示出來？					
	2.發表內容是否順序井然？					
	3.發表者是否衣著整潔、口齒清晰、語詞明瞭、不徐不急？					
	4.幻燈或投影所示之綱要是否與發表內容相配合？					
時間控制	時間的配合是否良好（15＋1）＝A					
合計						
總評價分＝　A×6＋　B×5＋　C×4＋　D×3＋　E×2＝　　分						

表 8-5　K公司品管圈成果發表評分表

項目	%	評價要點	1	2	3	4	5
目標選定理由	20%	1.目標選定是否深具價值？					
		2.問題重點是否掌握？					
		3.解析的特性是否合適？					
解析及處理過程	30%	1.是否掌握問題因果關係？					
		2.數據資料是否充分？					
		3.品管技巧的活用程度如何？					
		4.改善對策是否實際可行？					
		5.困難程度及努力程度如何？					
		6.是否充分應用想像力發揮腦力資源？					
效果	15%	1.效果有無確認（是否與改善目標符合）？					
		2.有無前後改善之比較（不良率，效率，金額）？					
再發防止	15%	1.改善對策是否訂定標準（有無採取再發防止措施）？					
		2.改善效果有無充分維持（有無圖表或管理圖表示）？					
檢討（再計畫）	10%	1.將來的目標是否具體表示出來？					
		2.全期活動是否符合計畫→執行→檢查→改善的循環					
表達態度	10%	發表方法是否良好？					
總分							

綜合評語		評審人員

表 8-6　品管圈發表會各圈發表成績一覽表

評價 要點 百分比 圈名	目標 選定 理由 20%	解析及 處理過 程 30%	效果 15%	再發 防止 (管理) 15%	檢討 (再計畫) 10%	表達 態度 10%	總 分
阿仁圈							
阿霞圈							
阿娟圈							
阿玲圈							
阿威圈							
阿強圈							
阿利圈							
阿成圈							

六、成果發表會的評語範例

- 交流時間發問不踴躍，是否系限制時間關係？研究是否把發表時間延長爲 30 分鐘以內。
- 人數多時，可分爲迷你圈，以便培養圈員的領導能力。
- 聯合品管圈可擴大檢討問題之範圍，並可共同解決問題。
- 發表技巧有待改進。不可照字念，講出重點即可。
- 開會時間慢 15 分鐘，已違反 QC 精神
- 有幾個圈不注意鈴聲而超過時間，致遭扣分。

- 發表時間稍嫌不夠，無足夠的交流（發問）時間。

- 前後活動欠連貫，魚骨圖、柏拉圖未標出重點。

- 未記明圈成立歷史，未予標準化。

- 圖表書法好壞是一回事，錯字應修改。

- 廣告術語用過多，務求易懂。

- 標題應妥爲解釋，以免評審因不瞭解內容而有所影響。

- 題目生硬。

- 題目不要太大，以身邊問題爲原則，不可牽涉到其他單位。

- 選題目：要明確、具體，不可含糊，或難於此較。○○圈只有活動前後的比較，與目標脫節。題目的選定目的要交代清楚，比如「減少不良率的損失」則不知所云。

- 開始時效果大，容易起高潮。但活動時間一久，困難多，題目難找，因此要注意避免陷入低潮。

- 爲避免其他圈今後遭受同樣困難，應提示遭遇到的挫折。

- 製造程序等交代過於簡單，對於別人不懂者與重點，希望能花些時間。

- 圖表重點要發揮，不可只想吸引人，寧可少用顏色。

- 柏拉圖過多，同一個數據不要重覆念好幾次。要因分析不夠深入，爲了找出真正原因，採取措施，必須反覆問4次以上。

- 品管技巧還可多用些．

- 發表內容背的滾熟，好像在做秀一樣，效果不大。

- 發表會是在使聽衆瞭解，用「講話」方式比「背」來得

好。

- 圈與圈，與協力廠商的溝通相當好。
- 措辭不當。例如「百件缺點」，不能說成「百件不良率」。
- 提升電冰箱品質水準，交代欠明確。
- 目標未達成部分之原因、理由，未交代清楚。
- 對於未達成率（或標準化改善結果），未交代。對於改進事項，未臻理想標準，未交代。
- 改善目標要明確──應具體化、數據化，改善前後才能比較清楚。
- 改善前後柏拉圖重貼在一起，看不出差異所在，應分開並列。
- 成果確認，並用金額表示。
- 改善效益之計算，投資費用要扣除──如由固定資產列支，可照折舊率分攤。預定與實績不一致。
- 成果報告前後要呼應、連貫。
　　──比如問題分析用特性要因圖、柏拉圖分析，並利用過去的數據紀錄做印證。
　　──改善對策須與要因項目相對應。
　　──數據不能間斷，否則改善後的效果無法使人心服
- 標準化：經過圈活動所產生的才算是標準化，對於今後的工作，才有幫助。
- 標準化須與前階段的要因分析內容相配合，應將所有經過改善部分列入，並且要隨時注意標準化作業之推行、追蹤改善後果。

· 成果發表會非發牢騷會，應好好溝通協調。

· 「課長講評」對於補充說明。所提問題，如由課長回答，
即變成發表人，應由「發表人「回答」。

七、QCC 品管圈活動成果的評審

（一）活動成果的類型

1.有形成果。有形成果主要是指那些可以用物質或價值形
式表現出來，通常能直接計算其效益的成果。

2.無形成果。無形成果是與有形成果相對而言的，通常是
難以用物質或價值形式表現出來，無法直接計算其效益的成果。

（二）活動成果報告的編寫要求

1.QCC 品管圈活動成果報告語言要精煉，邏輯性要強，條
理清楚，要點明確。

2.成果報告要以圖、表、數據為主，配以少量的文字說明
來表達，儘量做到標題化、圖表化、數據化，以達到醒目和直
觀的效果。

3.應對活動過程的內容進行反覆提煉，將最有說服力和最
精彩的內容以及在活動中所下的功夫、努力克服困難、進行科
學判斷的情況總結寫進報告中。

4.嚴格按活動程序進行總結，抓住重點，詳略得當。

5.注意前後相接、呼應和過渡。

6.不要用專業技術性太強的名詞術語。

7.巧妙安排內容結構，寫出特色。

（三）活動成果報告的編寫要點

QCC 品管圈活動成果報告的編寫要點主要可分爲以下幾個方面：

1.把提出問題的理由和目的交代清楚。

2.把活動過程進行簡潔描述。

3.採取了何種對策。

4.對策實施效果如何。

5.措施鞏固和進行標準化情況。

6.對活動過程和教訓進行總結，提出下一步計畫。

（四）活動成果報告的編寫格式

1.QCC 品管圈介紹。

2.選題理由。

3.活動主題及目標。

4.現狀調查。

5.原因分析。

6.原因驗證。

7.對策制定及審批。

8.對策實施及檢討。

9.效果確認。

10.措施鞏固及標準化。

11.活動總結及下一步計畫。

（五）活動成果的評審

1.評審的目的。

爲了肯定取得的成績，總結成功的經驗，指出不足，以不斷提高 QCC 品管圈活動水準，同時爲表彰先進、落實獎勵，使 QCC 品管圈活動扎扎實實地開展下去。

2.評審基本要求。

⑴有利於調動積極性。

⑵有利於提高 QCC 品管圈的活動水準。

⑶有利於交流和互相啓發。

3.評審原則。

⑴從大處著眼，找主要問題。

⑵要客觀並有依據。

⑶避免在專業技術上鑽牛角尖。

⑷不要單純以效益爲依據評選優秀 QCC 品管圈。

4.評審方法。

評審方法由現場評審和發表評審兩個部分組成。

（六）QCC 品管圈活動成果的評審表格

表 8-7　QCC 品管圈活動成果發表評審表

公司名稱					
QCC 品管圈名稱		類別			
課題名稱		發表日期			

評審內容及記錄

序號	項目	內容	評分標準	得分	備註
1	選題	(1)選題理由 (2)現狀調查及分析的程度 (3)目標設定的理由及適應程度	8—15 分		
2	原因分析	(1)把握問題的因果關係 (2)分析問題的深度和廣度 (3)把握影響主要原因的程度 (4)適當地運用分析技術方法	12—20 分		
3	對策與實施	(1)正確制定對策 (2)實施對策的程度 (3)適當地運用統計技術方法	12—20 分		
4	實施效果	(1)效果確認和目標達成的程度 (2)改善前後有形和無形成果的比較 (3)效果的維持及鞏固情況	2—20 分		
5	成果發表	(1)發表內容通俗易懂，以圖表數字為主，文字為輔，清晰簡明。 (2)發表內容層次分明，邏輯性強 (3)儀表端正，態度誠懇、口齒清楚，交流效果好	8—15 分		
6	成果特色	(1)主題具體、務實 (2)具有啟發性的特色	6—10 分		

成果發表評審表中各項具體內容說明：

1.選題。

⑴選題理由。

①所選課題是否與本企業、本部門的目標及客戶需求相結合或是本工作崗位亟須解決的質量或管理問題。

②所選課題是否合適、具體、恰當，圈組成員是否有能力完成。

⑵現狀調查及分析的程度。

①現狀是否清楚，並通過分析已明確問題的癥結所在。

②是否用數據或圖表來表達。

③能正確、樸實地運用工具和技法。

⑶目標設定的理由及適應性。

①目標的設定要與問題的癥結所在相結合。

②要有明確的目標值，定性與定量相結合。

③目標水準設置的依據充分。

④目標要具有挑戰性。

2.原因分析。

⑴把握問題的因果關係。

①以圖表有條理的表示。

②因果關係明確清楚。

③能針對問題的癥結來分析產生的原因。

⑵分析問題的深度和廣度

①可能影響問題的原因分析全面、透徹、層次清晰。

②分析問題時，遇到困難的努力克服程度。

(3)把握影響主要原因的程度。

①用何種方式來把握影響問題的主要原因，程度如何。

②能用客觀事實來確定，應有論證過程。

(4)適當地運用分析技術方法。

①適當地運用工具，宜簡不宜繁。

②正確地運用工具和技法，不牽強附會。

3.對策與實施。

(1)正確制定對策。

①對策應由分析原因並找出主要原因的過程中產生，與要因相對應。

②對策應明確 5W1H。

(2)實施對策的努力程度。

①須徹底實施對策。

②大部分對策是由本組成員來實施。

③實施對策過程中碰到困難努力克服的程度。

④對策未達預期效果時，另謀對策的程度。

4.效果。

(1)效果確認和改善目標達成的程度。

①效果取得後應和原狀進行比較，確認其有效性。

②目標達成程度有無明確表示。

③當未達成目標時,有無對原因進行探討和採取後續措施。

(2)改善前後有形和無形效果的比較。

①有形效果以數據表示，客觀無誇大。

②無形效果有評價。

③圈組自主改進團結奮進精神的體現程度。

(3)效果的維持和改進。

①改善後效果能維持、鞏固在較好的水準,利用適當圖表表示。

②改善後的有效方法和措施是否進行了標準化工作。

5.成果發表。

(1)發表內容通俗易懂,以圖表數字為主,文字為輔,清晰簡明。

①為注重交流效果,發表時不宜用專業性很強的詞句,在不可避免時,應用必要的簡單說明。

②發表資料以圖表為主,避免通篇文字照章宣讀。

③資料力求簡單、樸實、文字端正、清晰。

(2)發表內容層次分明,邏輯性強。

①整個活動應按 PDCA 進行。

②每個活動步驟都能交代清楚,前後連貫,邏輯性強。

③重點突出而不需面面俱到。

(3)儀表端正,態度誠懇,口齒清楚,交流效果好。

①發表時從容大方,不緊張,不做作,表情自然而有禮貌。

②口齒清楚,面對聽眾。

③回答問題時應誠懇、簡要,不強辯。

④發表形式有新意,聽眾反映好。

6.成果特色。

(1)主題具體、務實。

①主題應力求具體。

②活動過程中力求務實。

(2)具有啟發性的特色。

①活動過程（包括發表）生動活潑。

②具有一定新意，有啟發性。

（七）QCC 品管圈活動的現場評審活動

表 8-8　QCC 品管圈活動現場評審表

公司名稱			
QCC 品管圈名稱		類別	
課題名稱		日期	

評審內容及記錄				
序號	評審項目	標準分	得分	備註
1	QCC 品管圈的組成	2—5 分		
2	QCC 品管圈集體活動及活動記錄	5—12 分		
3	QCC 品管圈成員接受 TQM 培訓情況	3—6 分		
4	QCC 品管圈成員對於活動的參與程度	3—6 分		
5	充分收集並應用資料和數據情況	4—8 分		
6	實施改進對策的努力程度及有效性	5—12 分		
7	實施效果的維持和鞏固	4—10 分		
8	充分發揮 QCC 品管圈成員才智和創造性的程度	3—7 分		
9	QCC 品管圈成員對 QC 手法應用的熟練程度	3—6 分		
10	QCC 品管圈成員對 QCC 品管圈活動知識的瞭解程度	3—6 分		
11	QCC 品管圈活動經歷及持續性	3—7 分		
12	QCC 品管圈活動的環境	2—5 分		
13	QCC 品管圈活動成果對本部門、崗位的影響	5—10 分		

工廠叢書 ⑰ ·品管圈推動實務------------------------------

QCC 品管圈活動現場評審表中各項具體內容說明：

1.QCC 品管圈的組成

⑴QCC 品管圈的成員及人數。

⑵QCC 品管圈成員工作性質的相關性。

⑶QCC 品管圈註冊登記情況。

2.QCC 品管圈集體活動及活動記錄

⑴定期召開圈會，開展活動。

⑵圈會有明確的結論，並安排成員努力實施。

⑶每次活動都有畢先準備和實施情況的跟蹤。

⑷活動記錄完整，從記錄內容可看出每次活動的全過程。

⑸記錄內容與發表資料的一致性。

3.圈長和輔導員的積極性。

⑴圈長具有良好的組織領導能力，積極地帶動全圈有效地開展活動。

⑵輔導員在平時活動中熱心指導圈組成員有關 QC 手法的應用。

4.QCC 品管圈成員對於活動的參與程度。

⑴召開圈會及開展活動時，成員出席及發言的參與程度。

⑵活動期間成員承擔工作的情況。

⑶圈組成員熱心參加上級舉辦的有關品質管制活動的情況。

5.充分收集並應用資料和數據情況。

⑴充分收集數據並能明白表示問題的癥結所在。

⑵數據具有連續性並有原始記錄。

(3)數據真實可信，與活動內容直接有關。

(4)采用數據統計的方法進行數據的整理分析，過程簡單明瞭。

6.實施改進對策的努力程度及有效性。

(1)對策具體可行，不抽象。

(2)絕大多數對策由圈組自己來完成。

(3)爲實施對策，圈組成員克服困難的努力程度。

(4)對策是否達到預期效果。

7.效果的維持和鞏固。

(1)本次活動效果是否達到所制定的目標。

(2)改善的內容是否已在日常作業中實施和執行並納入標準中。

(3)本次活動效果的維持程度。

8.充分發揮 QCC 品管圈成員才智和創造。

(1)活動中是否體現出群策群力。

(2)是否體現圈組成員的聰明才智、豐富經驗和創造力。

9.QCC 品管圈成員對 QC 手法應用的熟練程度。

(1)圈組成員對本次活動採用品質管制方法的瞭解和熟練程度。

(2)採用隨機抽問圈組成員的方式評價。

10.QCC 品管圈成員對 QCC 品管圈活動知識的瞭解程度。

(1)圈組成員對 QCC 品管圈活動知識的瞭解程度。

(2)採用隨機抽問圈組成員的方式評價。

11.QCC 品管圈活動經歷及持續性。

(1)圈組過去完成的課題情況。

(2)是否連續開展活動。

12.QCC 品管圈活動的環境。

(1)圈組工作環境整理、整頓的程度，安全管理情況及日常工作管理。

(2)活動精神是否體現，如活動園地、標語宣傳。

13.QCC 品管圈活動成果對本部門、崗位的影響及貢獻。

(1)本次活動成果對本部門提高工作質量任務的影響。

(2)自主改善、團結合作、主動進取精神對本部門和崗位的影響。

(八) QCC 品管圈活動的激勵

(1)提高員工科學總結成果的能力。在規定時間內 QCC 品管圈成員把 PDCA 活動全過程和取得的效果生動形象科學運用圖表、數據和文字等充分表達出來，就必須掌握成果編寫和發表技巧，是一次再學習和能力培養的過程。

(2)交流經驗，相互啓發和促進。在 QCC 成果發表會上，大家相互交流，取長補短，共同探討，進一步提高活動和總結水準。

(3)增加評選成果的員工基礎。

(4)激勵員工士氣，滿足自我實現的需要。

(5)宣傳推廣，吸引更多員工參加 QCC 品管圈活動。

第九章

QCC 品管圈發表會的案例

案例一: 降低生產不良率

QCC 圈名：挑戰號

成立時間：2003 年 5 月

1.**主題：** 降低 D 系列產品端子跳槽不良率。

2.**選題原因：** D 系列產品端子跳槽不良占總不良的 90%以上，儘快降低不良率，為下季度生產 A 系列更高難度的產品打下基礎。

3.**挑戰團隊介紹及工作職責。**

(1)輔導員：G（生產主管）。

工作職責：負責領導、支持和協助團隊的活動開展，為活動的開展提供指導意見和資源安排。

(2)圈長：A1（生產技術工程師）。

工作職責：負責協調、分配和監督各圈員的工作，對對策實施的有效性進行跟蹤驗證·

(3)圈員：V、B、N、W、J、K、D。

工作職責：負責相關數據的收集、整理與記錄；負責制定並實施改善措施。

4.活動計畫及實際進度表。

表 9-1

時間 項目	5月 下	5月 下	6月 初	7月 初	7月 中	7月 下	8月 初	8月 中	8月 下	實際完 成時間
1 現狀調查	→									5 月 24 日
2 設定目標		→								5 月 29 日
3 數據收 集整理			→							6 月 9 日
4 原因分析				→						7 月 10 日
5 對策制定 和審批					→					7 月 16 日
6 對策實施 及檢討						→				7 月 27 日
7 成果確認							→			8 月 8 日
8 標準化								→		8 月 16 日
9 成果資料 整理									→	8 月 27 日

→表示計畫完成時間

5.現狀調查。

端子跳槽不良率：

(1)DX 產品：平均 8.87%（批次：1473236）。

表 9-2

型號	數量	不良數	不良率（%）
DX1	3000	155	5.17
DX2	9000	74	8.22
DX3	2010	180	8.96
DX4	2400	149	6.21
DX5	2795	219	7.84
DX6	2010	182	9.05
DX7	1080	91	8.43
DX8	450	71	15.78
DX9	510	52	10.20
平均不良率			8.87

(2)DY 產品：7.14%（批次：1473258）

表 9-3

型號	數量	不良數	不良率（％）
DY1	2860	160	5.59
DY2	900	74	8.22
DY3	2400	160	6.67
DY4	2300	149	6.48
DY5	2795	167	5.97
DY6	2210	172	7.78
DY7	2130	156	7.32
DY8	1080	64	5.93
DY9	4505	71	2.67
DY10	960	42	4.38
DY11	480	36	7.50
平均不良率			7.14

6.確定目標。

目標：端子跳槽不良率降至 2.5%（目標確定根據：在物料及生產制程均穩定的條件下所得出的一個試驗平均數據）。

7.原因分析。

(1)端子跳槽的技術分析

通過現場裝配圖可以看出端子跳槽受以下因素影響：

①端子角度不穩定（要求角度最好小於 90 度）。

②邊角槽位批鋒。

③連接折彎尺寸與邊角尺寸配合不當。

⑵端子跳槽不良原因分析。

圖 9-1

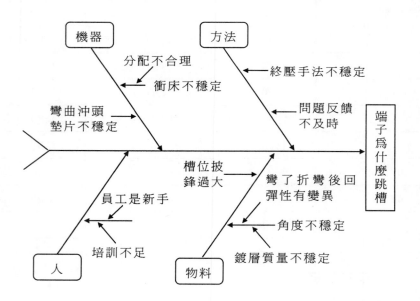

(3)不良原因對策擬定。

表 9-4

原因	對策	負責人	實施日期
彎曲沖頭墊片不穩定	製作專用厚墊片	V	7 月 2 日
錫屑產生的影響	電鍍工序改善鍍層質量並加強保養	B	7 月 10 日
衝床不夠穩定	A.衝床調試培訓； B.對衝床進行合理分配	N	7 月 12 日
端子材料自身的回彈性有變異	A.增加制程角度控制表； B.根據不同的材料採用不同的 R 角和回彈角的沖頭	N	6 月 7 日
終壓手勢不正確	培訓作業員	J	7 月 9 日
槽位披鋒過大	反饋給注塑部門相關工序	K	7 月 8 日
檢驗標準不統一	溝通協調達成一致意見	D	7 月 12 日

(4)端子跳槽主要不良原因分析（魚骨圖）。

圖 9-2

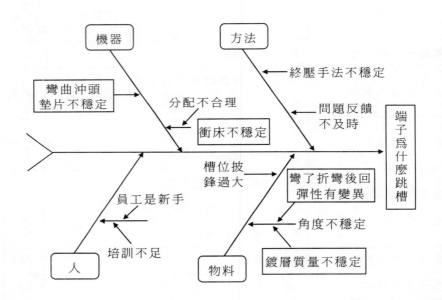

主要原因：

①彎曲沖頭墊片不穩定。

②錫屑產生的影響。

③衝床不夠穩定。

④端子材料自身的回彈性有變異。

(5)主要原因的改良對策。

表 9-5

原因	對策	負責人	實施日期
彎曲沖頭墊片不穩定	製作專用厚墊片並按 0.02 分級 （0.50、0.52、0.54、0.56、0.58）	V	2 月 7 日
錫屑產生的影響	A.電鍍工序改善鍍層質量，更改電鍍規範 B.R 加強保養	B	10 月 7 日
衝床不夠穩定	A.衝床調試培訓，關鍵是如何保證合適的衝床高度，什麼時候可以以調整衝床高度，如何判斷衝床高度已調整合適 B.對衝床進行合理分配，穩定性高的衝床用來衝壓要求更高的 R 角	N	12 月 7 日
端子材料自身的回彈性有變異	A.增加制程角度控制表；變被動爲主動，也利於減輕生產管理難度 B.根據不同的材料採用不同的 R 角和回彈角的沖頭（共有 4 種沖頭）	N	6 月 7 日

工廠叢書 ⑰·品管圈推動實務-----------------------------

8.成果確認。

⑴成果確認一。

①端子跳槽改善前後不良率狀況。

表 9-6

時間	29W	30W	31W	32W	33W	34W	35W	達標情況
A 型號不良率(%)	7.14	4.69	6.50	4.31	3.12	2.12	1.75	已達目標
B 型號不良率(%)	8.87	7.69	6.00	5.31	4.12	2.12	10.00	未達目標

B 型號：未達到目標的原因分析與後續措施

A.原因。

· 產品設計結構不盡合理（壁太薄，受熱後易變形）。

· 回流焊後的披鋒變形嚴重限制了端子的角度不能明顯小於 90 度。而要使跳槽少端子角度必須小於 90 度，這是一對矛盾。

B.下一步的改善行動。

· 要求日本公司考慮結構的更改及進一步試驗新的產品材料。

· 將 R1 角與 R2 角分開切，以避免 R2 角的報廢（已實施，臨時措施）。

· 採用重製作技巧，以減輕端子彎曲的難度（正在試驗）。

248

- 對注塑技術嚴格控制，以改善產品的穩定性（正在進行）。

- 待產品穩定後再逐步試驗減少接觸角度，如：穩定在 89 度－90 度可行，則很有希望達到目標。

- 對比不同客戶使用成果以爭取客戶，進行製造改善．

(2)成果確認二。

①有形成果。

已達目標的 A 型號產品（月訂單平均約 15K）

每月可節約：15000×（7.14%－1.7%）×8.5 元＝6936（元）

每年可節約：6936×12＝83232（元）

②無形成果。

- 提高了員工的操作技能及品質意識、成本意識。

- 提高了技術員的技能。

- 增強了團隊精神及各部門溝通能力，加快了資訊的傳遞。

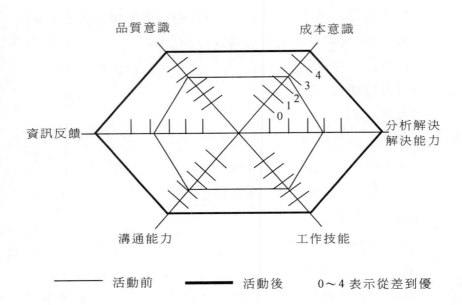

—————— 活動前　　━━━━ 活動後　　0～4 表示從差到優

9.標準化實施。

(1)更改產品圖紙規範。

(2)修改作業指導書。

(3)校正檢驗標準。

(4)修訂備件圖。

(5)增加控制表。

案例二： 降低模具設備配件庫存金額

QOC 圈名：藍天

成立時間：2003 年 1 月

1.藍天圈簡介。

輔導員：Aw、CX

圈長：G

圈員：V、M、B、O

2.確定主題。

活動主題：降低每套模具配件的平均庫存金額。

3.現狀調查與數據收集。

對 10—12 月份衝壓部、注塑部、製造工程部三個部門的模具庫存金額和平均值進行統計，統計數據如下（見表 9-7）：

表 9-7

月份	部門	庫存金額（元）	模具數量	平均值
10 月	衝壓部	18231729	124	147030
	注塑部	13586492	498	27282
	製造工程部	2488098	184	13522
11 月	衝壓部	18322960	130	140946
	注塑部	13952151	512	27250
	製造工程部	2411203	187	12894
12 月	衝壓部	18193400	136	133775
	注塑部	14349447	526	27280
	製造工程部	2443222	187	13065
累計平均值	衝壓部	140583		
	注塑部	27271		
	製造工程部	13160		

4.確定目標。

活動前與活動後平均值對比（見表 9-8）。

表 9-8

部門	活動前平均值	活動後平均值	目標（%）
注塑部	27271	25907	降低 5
衝壓部	140583	126525	降低 10

活動目標：

①衝壓部平均每套模具的備件庫存金額降低 10%。

②注塑部平均每套模具的備件庫存金額降低 5%。

5.**活動計畫及實際進度表**（見表 9-9）。

表 9-9

項目	時間	1月上	1月上	1月中	1月下	2月上	2月中	2月下	3月中	3月下	實際完成時間
1	設定活動目標										1 月 5 日
2	現狀調查										1 月 9 日
3	數據收集整理										1 月 16 日
4	原因分析										1 月 22 日
5	對策制定和審批										2 月 6 日
6	對策實施及檢討										2 月 12 日
7	成果確認										2 月 26 日
8	標準化										3 月 16 日
9	成果資料整理										3 月 25 日

→表示計畫完成時間

6.要因分析。

為什麼平均每套模具的庫存高？原因分析如下（見圖 9-4）：

圖 9-4

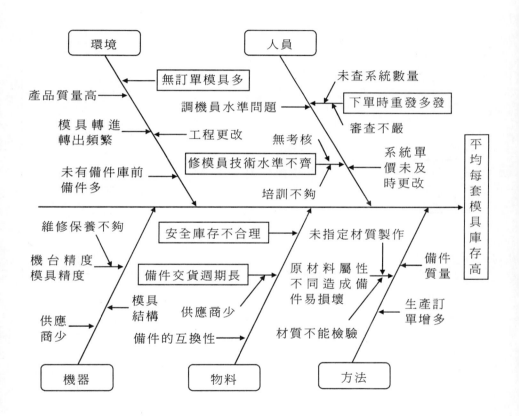

_____的內容為主要原因

確定主要原因。

對庫存金額最大的前 30 套模（總金額 1160 萬，其中約 400 萬爲不合理的庫存）進行分析得出如下結果：

表 9-10

序號	問題點	佔用金額（萬）	比例（%）	累計（%）
1	安全庫存設置不合理	116	29	29
2	無訂單模具多	80	20	49
3	下單重發、多發	72	18	67
4	修模技術人員水準參差不齊	56	14	81
5	備件交貨週期長、供應商少	44	11	92
6	其他	32	8	100

7.對策擬定和審批（見表 9-11）。

表 9-11

要因分析	改善措施	責任人	完成日期	對策擬定
下 單 重 發、多發	檢查/完善模具備件審批和控制系統；使用者申請備件前先檢查模具備件系統	V	2月 1513	制定模具備件申請和審批流程
安全庫存設置不合理	根據備件易損程度、加工精度和加工難易程度，重新設置安全庫存量	M	3月 20日	每月重新更新一次安全庫存量；超過 6 個月不用的安全庫存量設為0
備件交貨週期長，供應商少	要求採購部多開發供應商	B	3月 16日	每個類型備件要求採購部至少提供 3 個供應商
無訂單模具多	檢查備件安全庫存，盡可能不做庫存；控制轉模備件數量	B	3月 12日	制定備件申請和審批程序；生產工程師控制轉模備件數量
修模技術員水準不齊	增加培訓；提高新進廠技術員的技術要求	O	3月 28日	制定培訓計畫；制定技術員的管理制度

製表：O   審核：B   批准：AW

8.改善結果。

活動前、活動中及活動後庫存對比表（見表 9-12）：

表 9-12

部門	活動時間	庫存金額（元）	模具數量	平均值	降低（％）
注塑部	活動前	41888090	1536	27271	
	活動中	28511174	1092	26109	4.49
	活動後	14409337	562	25639	5.26
	目標			25907	5
衝壓部	活動前	54748089	390	140583	
	活動中	35200671	291	120965	13.95
	活動後	16800717	155	108392	22.9
	目標			126525	10

從表 9-12 看出，注塑部活動後的目標為 5.26%，衝壓部活動後目標為 22.9%，均超過了預期目標。

9.成果確認。

(1)有形成果。

①衝壓部。

活動前：庫存金額 140583 元/套。

活動後：庫存金額 109392 元/套。

活動成果：

平均每套模具備件金額降低 22.9%；平均每套模具備件金額降低 32191 元。

②注塑部。

活動前：庫存金額 27271 元/套。

活動後：庫存金額 25639 元/套。

活動成果：

平均每套模具備件金額降低 5.26%；平均每套模具備件金額降低 732 元。

(2)無形成果。

①加強和完善了備件申請外發流程，使備件外發能得到有效的控制。

②提高生產調機員和模具技術員的技術水準，從而減少了修模次數和備件的意外損耗。

③增強了技術人員和備件管理人員的溝通。具體無形成果（見圖 9-5）：

圖 9-5

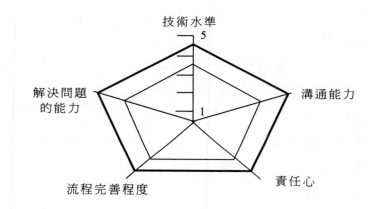

技術水準

5

溝通能力

1

解決問題
的能力

責任心

流程完善程度

———— 活動前　　　━━━━ 活動後　　　1～5 表從差至優

10.**標準化**。

將根據要因所採取的有效對策進行標準化（見表 9-13）：

表 9-13

要因分析	改善措施	對策擬定	標準化
下單重發、多發	檢查/完善模具備件審批和控制系統；使用者申請備件前先檢查模具備件系統	制定模具備件申請和審批流程	將對策編入部門的管理手冊
安全庫存設置不合理	根據備件易損程度、加工精度和加工難易程度，重新設置安全庫存量	每月重新更新一次安全庫存量；超過 6 個月不用的安全庫存量設為。	將對策編入部門的管理手冊
備件交貨週期長，供應商少	要求採購部多開發供應商	每個類型備件要求採購部至少提供 3 個供應商	將對策編入部門的管理手冊
無訂單模具多	檢查備件安全庫存，盡可能不做庫存；控制轉模備件數量	制定備件申請和審批程序；生產工程師控制轉模備件數量編制成公司轉模的規定	
修模技術員水準不齊	增加培訓；提高新進廠技術員的技術要求	制定培訓計畫；制定技術員的管理制度	將對策編入部門的管理手冊

案例三： 無差錯的客房

西村屋城崎大飯店　　微笑小組

1.主題的選定理由

(1)平常，在清掃過後的客房裏，會有差錯。

(2)被客人招呼到客房時，保持和顏悅色的臉最爲重要。

(3)希望能夠讓客人有好的印象。

(4)對工作要有規則章程（一定要對自己的房間負責任，所以要做消除檢查，且要完成。）

2.活動計畫表

表 9-14

計畫　-----實施　———

項目 ＼ 月日	4	月	5	月	6	月
主題的選定	------					
現狀的把握		------	------			
要因的分析				------		
對策的實施					------	
效果的確認					------	
制止惡化					-----	
反省今後的做法					------	

262

3.現狀的把握

(1)洗手間的數字最高，佔全體的 50%（特別是鏡子的污垢）。

(2)床與床之間的空隙變爲客房的中心，特別是匾額的位置不正。

(3)走廊的燈忘了關，電源開關的位置紛亂，不易瞭解。

(4)在其他的件數裏，棉被折反了。座墊的位置礙眼。

表 9-15　5 月 2 日—14 日的錯誤件數年檢查一覽表

項目　　細分　月日	洗手間　鏡子 地板 牙刷	床的空隙　匾額 電話 電視	走廊　開燈 灰煙缸 火柴盒	冰箱　開瓶器 玻璃杯	茶几　煙灰缸、火柴盒、煙灰墊	其他　棉被、座墊、衣櫥、壁櫥	計
5/2	○ ○					○ ○ ○ ○ ○	7
3	○ ○		○ ○			○ ○ ○ ○ ○ ○	10
4	○ ○ ○ ○	○	○			○ ○	8
5	○ ○ ○ ○	○ ○	○ ○ ○	○	○	○	12
6	○	○ ○					3
7							
8	○ ○ ○	○					4
9							
10	○ ○ ○	○ ○				○	6
11	○ ○		○				3
12							
13	○ ○ ○ ○						4
14		○				○	2
計	25	9	7	1	1	16	59

4.要因的分析

圖 9-6

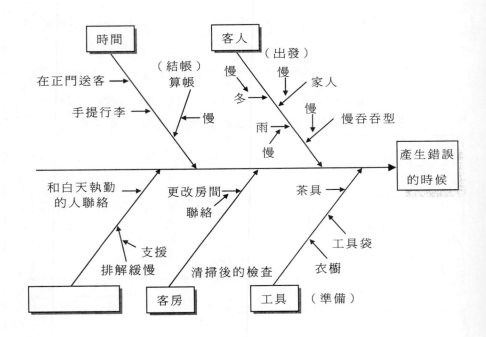

5.要因的掌握

錯誤在何時發生？

(1)客人結完帳離開後，急急忙忙地打掃。

(2)對各自責任的劃分不夠。（依賴領班）

6.目標的設定

因為已經將原因弄清楚了，所以要想出好的對策來抑制惡化。將抑制住的程度訂在 80%，然後朝此目標努力。特別是床頭櫃的歪斜特別引人注意，所以要將目標定在零差錯。

7.對策的實施

(1)將現狀檢查表貼在每個餐室，不僅使大家知道現狀，同時也可呼籲大家更加細心注意。

(2)各領班在檢查清掃後，若發現有連續的錯誤的話，要告知負責人。

(3)關於較遲遷出的客房，同事間要多留意，並隨時出來支援。

(4)在工作時間內沒有完成工作的話，可請白天工作的人幫忙。

8.效果的確認 I

(1)每個人都意識到 QCC 活動，並也養成留心細節的習慣。

(2)6 月開會的時候，日常事務常發生的錯誤已經沒有了。特別是匾額變正，獲得了讚揚

(3)對策實施後的檢查數字變低，今後若一直保持下去的話，我們就可以在無論何時都很整齊的客房裏迎接一個心情極佳的客人。

9.效果的確認 II

有形的效果：

(1)總件數 59 件符合 80%的目標，那就是有效果產生。目標中，床頭櫃歪斜數也達到 0。

(2)關於棉被的折法，今後也要檢查並研究下去。

無形的效果：

　　已經養成工作結束後的檢查習慣了，非常的好。

圖 9-7　效果的確認圖

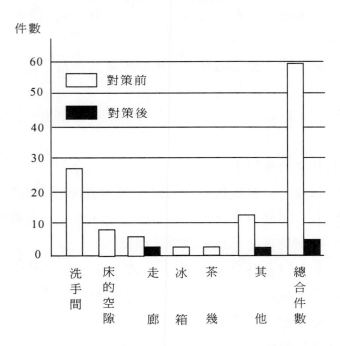

10. 防止惡化

(1)今後清掃後的檢查，要全體人員一起進行，不要依賴領
　　班。

(2)橫的聯繫也很重要，和櫃檯、兼差員工的連絡也要做的
　　正確。

11. 反省和今後的課題

　　在休息時間開會，員工一定會嘰嘰喳喳，所以不可能 7

人會聚在一起好好地交談。但是，要找出種獨特的風格，來做第一次的小組活動，如此才能有好的成果，並且也激勵今後的活動。

　　從下次活動開始，就一定要妥善地利用時間並且開會的次數也要增加。

案例四： 供應時間的縮短

1.主題選定理由

此主題 1985 年度的公司下期（圖 9-8）

　　方針裏，店長實施項目中的一個。另外，也有來自顧客的反應說「菜上得太慢了！」因此，我們調查了從上班時間 9 時 -17 時之間提供料理花費 10 分以上的件數。

　　其結果，發現從 12 時 -13 時的發生件數有 11 件，佔了全體 15 件數裏的 73%。

圖 9-8

供應時間 10 分鐘以上
的時間帶別發生件數

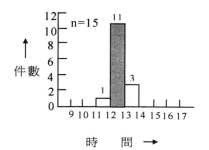

2.活動計畫表

表 9-16

計畫 ☐　實績 ■

項目＼期間	1985 年 11 月	12 月	1986 年 1 月	2 月	3 月	擔任者
現狀的把握	☐ ■					片山
目標的設定		☐	■			根本
要因的解析			☐ ■			五十嵐
對策的實施			☐ ■			關根
效果的確認				☐ ■		鈴木
防止惡化				☐	■	津賀田
反　　省					☐ ■	津賀田

3.現狀把握Ⅰ的繼續

在此工程裏那裏有問題？要進一步地調查作來時間的結果。以讓客人點菜到開始烹調，這二個作業為主，共計 11.7 分，如此可瞭解其佔全體總時間之 90%（參照圖 9-9）。

圖 9-9

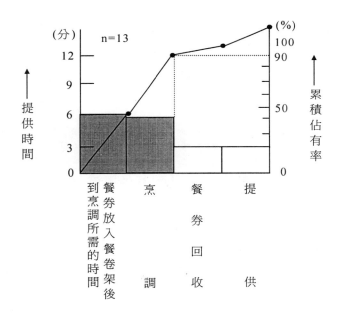

餐券和什錦麵提供小組：

要整理客人的點菜單讓廚師看了後開始烹調。餐券的號碼要照順序排列。因為什錦麵一次只能 8 碗，而在 A 列若積存 8 張了，則可依次向 B、C 移動（參考圖 9-10、圖 9-11）

圖 9-10　餐券架

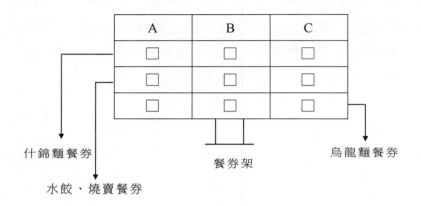

什錦麵餐券

水餃、燒賣餐券

餐券架

烏龍麵餐券

圖 9-11　什錦麵供應流程

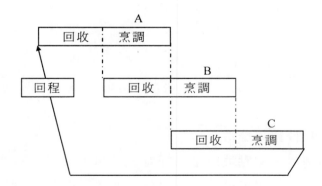

4.現狀把握Ⅱ

因此，可調查出每一列從收到餐券到調理食物所花費的時間，最少 1 分，最多 10 分，平均花費 5.8 分。（參考圖 9-12）

另外，關於調理時間，要調查三位廚師的作業時間，如此可瞭解懶散的情形有多少。（參考圖 9-13）

圖 9-12 收到餐券後到開始烹調所需的時間

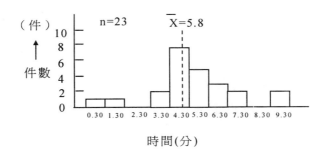

圖 9-13 三名廚師所需的烹調時間

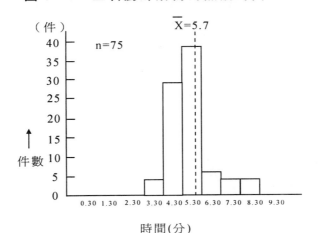

5.目標的設定

廚師的時間紛亂，主要負責人——要定一個目標，將從收到餐券到烹煮食物為止的時間縮短。可建立像表 9-17 一樣的表。

表 9-17　目標設定

特性	現狀	目標	期限
從收到第一第餐券到烹煮為止	6 分	3 分以內	1986 年 2 月 28 日

6.要因的分析

從收到第一張餐券到開始為止，為何花費 6 分鐘？將人、方法及作業上的問題點找出來（參照圖 9-14）

圖 9-14　到烹調為止，所花費時間的特性要因圖

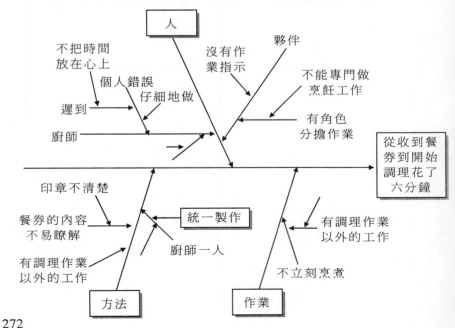

7.對策的立案

	要因	現狀	實施內容	負責人	時間	評價
人	沒有交替的人	廚師也要輪流	更改勤務時間要事先準備候補廚師	片山	2/12 -2/15	○
作業	二個鍋子	只有一位廚師烹調	完全由廚師提出指示	賀田	2/16 -2/20	○
方法	統一製作	廚師只有一人一定要統一製作	提升成員的烹調技術	鈴木	2/21 -2/27	○

8.對策的實施

表 9-18 是從 9 時到 17 時的工作分配表。要提 1 小時做 E 的變更，候補廚師是擔任調理補助。另外，在本公司按照調理技術的水準，有頒予調理認定書的安排。經由成員努力的結果，全員已能夠調查 6 碗，作為候補廚師也充分盡到了責任。

表 9-18　工作時間和工作內容

時	9 10 11 12 13 14 15 16 17	作業內容	
A	●————————●	會計(9-12:50 分)招呼客人	×
B	●————————●	招呼客人、收拾餐盤、洗滌、送菜、餐券回收	×
C	●————————●	烏龍麵專責 內部工作	×
D	●————————●	大廳調配專責、招呼客人、會計	×
E	●————●	招呼客人、收拾餐盤、送菜、餐券回收	○

與店長協商

若有 13 時開始的服務人員或提前 1 小時上班者，就使用兩個鍋子讓其幫忙廚師做烹調。

E 的服務人員提前 1 小時來上班時，先暫時令其幫忙廚師。因其提前 1 小時上班，故下班時間也由 17 時變為 16 時。因此 16 時至 17 時的作業就雇用臨時工。

表 9-19　調酒之認定合格與否

巡視服務生	4 碗	8 碗
A	○	×
B	○	×
C	○	×
D	○	×
E	○	×

9.效果的確認

藉由安排備用廚師，要在餐券收集到 8 張前，由他們做一些零碎的事前準備工作。從收到第 1 張所點的餐券到開始調理為止，時間可短縮到像圖 9-15 那樣的情形。

(1)有形及效果（參考圖 9-15）

(2)波及效果

藉由弄清楚目標，即使是在很忙亂的供應時間，也會將在實施對策以前花 5 分—15 分釦（花上 10 鍾以上的情形也有 15 件）的情形改過來，實施對策後可在 10 分鐘以內供應（參考圖 9-16）

(3)無形效果

3 名成員調理食物的時間和以前比較起來，不會那麼散亂了。變得會去關心每一個人的時間了，這實在是一個好的結果（參考圖 9-17）

圖 9-15　效果的確認

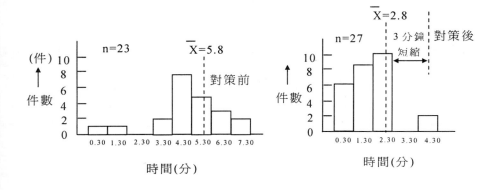

圖 9-16 提供時間

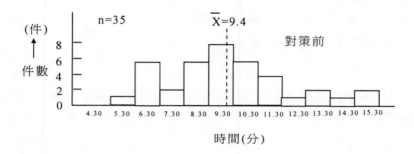

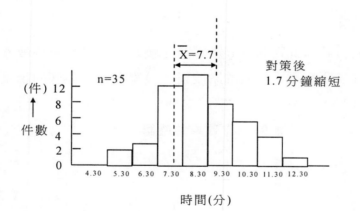

圖 9-17 三名社員調理食物的時間

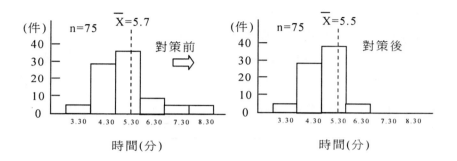

10.防止惡化

(1)製作備用廚師的角色分配作業表。

(2)是否完成了主廚的夥伴，備用廚師的角色作了了？對廚師的評價，要在勤務報告書上用「○」、「×」來記錄。關於「×」的部分要指示廚師應該注意的地方,並且閱讀角色分配作業表。

(3)每個月 2 次，在第 2、3 的星期六檢查提供時間，是否能夠在 10 分鐘以內提供？可作成表記錄下來。

11.剩餘的問題點

在公司的方針裏，有進行「請在 6 分鐘以內等待！若無法在 6 分鐘以內以提供商品的話，則全額退還現金。」的獎勵。我人藉著這次的改善活動，可更進一步重新認識作業內容，全體成員可重新評估讓人等待的時間的品質。

小組介紹：

鈴爾赫得股份有限公司·友宮路與野店大玉縣與野市大學上峰 4—14—8

小組構成人員：男 1 名，女 5 名

成員年齡：平均 40 歲

結成：1980 年 10 月

主題經歷：第 14 件

針對合主題的集會欠數：21 次

平均 1 次的集會時間：60 分（時間內）

小組是由男職員 1 名及 5 名兼差的主婦構成的。是一個充滿媽媽的味道的小組。通過 QC 小組活動，「建立一個明朗、易做的工作環境」「製作讓顧客滿意的佳餚」「在一個盛情招待、清潔的店進食」來努力實現這些口號。

我們的小組從迎接客人進門接受點菜，不論是菜肴的提供或調味料的供給等，都將其視為重要的事情，好讓顧客在心情愉快的狀態下進餐。

12.反省

(1)優點

沒有來自顧客的催促了；能夠在面對複雜的要求時，還是以笑臉來待客。

另外，不把提供時間等等放在心上的人，也開始留意改進了。而且，全體成員變得相當致力於 QC 小組活動。

(2)辛苦點

在最忙碌的時候的資料取得相當困難。要一邊送菜，還要

一邊分心的注意時間，好在檢查表上登記。即使主題是不讓客
人等候，但是，還是會有讓客人等候的情形發生。

　　另外，若不能集中問題點，就必須利用現狀掌握來取得各
種資料，如此，會花上比預定多三倍的時間。

第十章

QCC 品管圈的診斷

一、對品管圈活動的疑慮

<問題>

問卷調查結果顯示：

· 管理者未建立共識。

· 雖然說是自主管理，但仍由上而下，或具有強制性。

· 尚未建立品管圈活動的理念、哲學。

· 圈活動所佔地位尚未明確化。

· 公司只在有限度範圍內准許在上班時間內活動，而且社
　會一般強調「等爸爸回來吃晚飯」。

因而：

(1)圈活動的目的模糊不明確，有關人員對此無共識。

(2)組織的業務活動與品管圈活動的本質混淆不清。

<對策>

(1)有關目的應由有關人員檢討，因為凡事須確定目的。如
推動者與參加者在立場上無共識，便無法期待真正富有活力的
品管圈活動。茲提供檢討參考資料，以便參加人員提出具體的
構想，導致結論。如能隨時提出檢討，問題當可迎刃而解。

　→依「質」分類：

①依主題為中心活動，其成果能定量掌握者

例：降低成本，提高作業效率，增加改善提案件數。

降低不良率、提高業務知識、技能。

②依參加活動者著重精神面、心理面者

例：提高士氣、加強動腦創意、提高相互瞭解自主學習業務、意識的加強等。

以上述預備知識，進一步按硬體、軟體的目的及其層次分類。

所謂硬體目的指自主性改善、自主性啓發、提高效率、維持安全、提高技術或技能、管理能力，及降低成本、提高可靠度等等。

所謂軟體目的指關心工作、對學習的喜悅、參加意識、互相協調支援等、圈員的自主性，提高士氣、自律性、學習意願、創造意願、加強一體感、連帶感及工作場所、工作活動熱絡化等等。

→依目的「層次別」分類

硬體目的由自主性改善、自主性啓發開始，最後是企業發展、員工幸福，可見層次不同。

軟體目的亦然，即以硬體目的做主體，在活動過程中，由參加者相互理解，有自信累積良好的經驗開始，最後目的在使工作場所有朝氣、提高員工士氣，層次顯然不同。

為取得有關人員均能同意，對於圈活動的目的，須重新檢討加以過濾。

→確認目的內容，按「硬體」、「軟體」加以劃分。

→按硬體、軟體目的確認其各該目的間的連關性，而且按層次分類。

→與其討論預期成果或所得成果，不如將重點集中在目的上，較易取得協定。

(2)對於品管圈活動的共識

→須遵守活動規定

例如公司規定活動時間爲 2—4 小時,其他時間屬組織上的業務活動。

→尊重自主活動

例如對於活動主題的目標值之設定、活動計劃的作成、每一位圈員的工作分配,均按由下而上的方式推動。

→對於活動過程的評價

重視組織上業務活動結果,例如以「降低不良率」爲目標時,則重視不良率,目標降低率是否達成,便成爲評價對象。在品管圈活動,則重視如何活用、分析數據、要因或原因分析,應用何種手法進行;爲作成對策方案,應如何引發圈員提意見、構想,即重視這種過程。

二、 管理者、QCC 輔導員認識不夠, 支援不足

〈問題〉

‧經營者或上級對於品管圈活動的精神、目的未透徹瞭解。

‧管理階層、輔導員支援不夠。

‧管理者研習不夠。

‧要請管理者參與

‧需花甚大功夫。

與日常業務一樣,在品管圈活動上,管理者、輔導員的動向對品管圈活動能否熱絡化,影響最大。事實上有能力. 不需

要管理者、輔導員支援的圈長，爲數並不多。

所以發生這些問題，是因爲：

(1)管理者、輔導員對於品管圈活動的基本想法未建立，未透徹瞭解。

(2)曲解「自主性」的意義。任由部屬活動，致變成「放任」。

(3)管理者、輔導員不認爲支援品管圈活動是他們份內的重要工作之一。

〈對策〉

對於品管圈活動的基本想法：

品管圈的活動目的可大別爲自主啓發型與自主改善型兩種。

(1)自主啓發型：

自主地互相啓發、活用，使其與改善活動連結在一起。

(2)自主改善型：

向目標促進改善，自主發揮潛能。

各型可再分成幾個層次：

①初級：以有關工作的基本知識或手法爲中心，啓發或改善爲主體。

②中級：以專業性知識或手法、技法爲中心，相互啓發或促進業務改善，與業務密切連接在一起。

③高級：主要對象爲管理、輔導員，用創造性知識或手法的開發與活用，提高業績。

由上可知，按活動主題的內容或目標值，再斟酌層次(初、中、高級)分類，配合該層次。考慮其活動方法或加以支援，有

效活動，則可使其生根。

所謂啓發型圈活動為：

(1)由 5—7 名組 1 圈。

(2)在一定期間（例如 6 個月）內，不斷活動。

(3)相互啓發，且在實務上加以活用。

(4)一方面自主改善工作環境，使每一個圈員都獲得成長。

〈例 1〉

教材為 QC 七種手法，以圈長為中心相互學習，瞭解繪製法（例如柏拉圖）後，活用數據，加以演練，然後根據柏拉圖等，討論重點問題或其發生原因、對策等。在此過程中，設法使參與人員瞭解、發生興趣。好讓他們像在等著觀賞電視連續劇一樣，即等於成功了一半。

〈例 2〉

在互相研習 IE 手法 work Sampling（工作抽樣法）時。即使只花少許時間也好，是在實際動手做，並且由大家收集結果，將其繪成圖表，討論問題點。必須實際活用，能在具體的改善案（活的啓發方式）應用，更佳。

換言之，在一定期間徹底學習一種手法，集中精神反覆活用。並且加以改善。如此一點一點學習、改善，積少成多，逐步將其成果累積，這樣啓發性圈活動，便能引發很大興趣。

所謂改善型圈活動：

(1)由 5—7 名組 1 圈。

(2)在一定期間，繼續做定期性活動。

(2)對於特定主題，自主發揮團隊能力。

(4)促進改善，邁向實際成果，全員參與活動。

〈例 1〉

「降低裝配錯誤」爲改善主題之一，其目的在於把具體改善成果累積，參加人員已學過柏拉圖等 QC 手法。因此，對於改善主題，一邊分析現狀與要因，激蕩腦力。檢討對策方案，透過品管圈活動加以實施改善。

〈例 2〉

「作業改善的提高」爲改善主題。當然與參加人員所具備的能力大有關係。例如精通 QC 手法者，對於作業效率降低的要因用特性要因分析圖檢討。結果對於「作業不安定」這個問題點，用 IE 手法中的時間研究或動作分析，調查改善對象的所有作業。摘出問題點，合理改進。

總之，啓發型圈活動以學習、活動爲「主」，以改善爲「從」；而改善型圈活動，則以改善爲「主」。

在活動主題方面，姑且以「活動時間」爲例時，視其活動目的爲啓發型或改善型，主題與目標層級（初級或中級），以決定活動時間。

三、教育、調練不足

〈問題〉

・不知何謂 QC 手法。

・不曉得技法的有效用法。

・會議進行不得要領。

- 教育資料少。
- 對圈長未有計劃的施以技巧教育。

〈對策〉

- 教育訓練須用心，俾使品管圈活動與教育訓練不至脫節，能連貫在一起。
- 當今資訊時代，修習 VIQ 手法(VE、IE、QC 手法)等基礎知識或技能所需之資訊，應可動員廠內專家從事訓練。
- 這種集中教育爲一種有效的啓發方式。真正的教育不僅要修習知識，同時應加以「反覆活用」，而且能將小小的啓發、改善結果予以累積。

〈例〉與其將 QC 七種手法像填鴨式一下子灌進去，不如在學習柏拉圖時，由全體團員反覆練習繪製、應用。在自主改善型圈活動亦然。與其等 6 個月，或 1 年後的成果，不如對於每一個活動所得小小的改善、成果累積下來。這是促使圈活動熱絡化、生根的關鍵所在。

換句話說，如像填鴨一般，一下子把各種手法或知識塞進去的話。效果不大，也是一種浪費。不如透過品管圈活動，將所需的基本手法加以自主啓發。

另一種有效方式便是編制合乎實際需要的手冊類，例如降低不良的活動手冊、全數良品活動手冊、問題解決入門等。

四、缺乏自主精神

〈問題〉

- 部屬或圈員對於品管圈活動瞭解不夠、協力不夠。
- 開會情形不佳。
- 不發言圈員應如何教育？
- 工作分配不妥適。

〈對策〉

- 每一位圈員都是主角，均應發揮主導性。能否自主發揮，關鍵在於圈長與活動主題相互間的影響及主管的支援方式，尤其圈長給予品管圈活動的自主性、自律性的影響最大。
- 為提高自主性，有關人員應積極擴大活動主題的幅度，培育圈長。
- 品管圈活動並不限制自主性。相反地，它在加強自主性活動。目的在於「自主啟發、自主改善」。
- 不可因此煩惱而氣餒，應有大無畏的氣魄，克服這個煩惱，才能使其熱絡。這些煩惱不只是表面性的，同時表示經營者、管理者對於當前問題缺乏打開困境的決心。

五、活動過程中的問題

〈問題〉

- 主題的尋找、選定困難
- 圈長的選定
- 圈長無法勝任自如
- 由於工作關係，無法一起開會
- 在時間安排上，考慮不週到

由反面言之,能克服此 3 大困擾,即可使圈活動熱絡起來。

⑴活動主題選定困難，原因在於限制主題選擇的幅度。

〈對策〉

- 按上述啓發型、改善型(初、中、高級)等目的、水平別去尋找活動主題,是有力的主題來源。
- 用迷你啓發的想法,累積小小的改善,加以累積——以迷你精神去活動,當可知活動主題俯拾皆是。

⑵圈長活動熱忱不夠

〈對策〉

品管圈活動能否熱絡,圈長是否具備能力,影響甚大,但能充分發揮領導能力者,並不多。

因此,與其說是煩擾,不如說它正是需要透過品管圈活動「予以克服」的重大課題。因此。需要「圈長自主努力」、「由主管加以支援」。

(3)**活動時間難安排**

〈對策〉

• 靠參加人員自主努力，與主管支援。

• 可參照啓發型、改善型圈活動的目的、層級，安排活動時間。

• 利用上班時間者，應有效安排。圈長應設法妥爲領導。

六、 活動老化

〈問題〉

• 活動模式只有一個，引不起圈長的興趣。

• 活動老化者，缺乏新鮮感。活動已停滯者，甚難使其再熱絡起來。

〈對策〉

可按品管圈活動的層次，選擇活動主題。尤其應視層次配合活動主題的品質，以防老化。

• 視啓發與改善情況，改變意識。

• 俗語說：「有志竟成」

• 只要有決心使品管圈活動熱絡，構想多的是。

• 老化不僅是圈長、圈員的責任，推動中心與管理者、輔導員也難咎其責，因爲他們的舵向是克服老化的關鍵所在。爲此，必須透徹認識活動目的、及活動的基本原則。

• 老化不過是表面現象。負責推行的中階層主管。對於品管圈活動如有偏見、認識不夠，問題才嚴重。因此，必

須時時相互反省，檢討自己的信念或想法。

就活動目的而言，不必限定用某特定手法或主題。如果認爲品管圈活動不外乎是做品管時，當然整年隻做品管。因此。按圈活動別活動的想法、模式去檢索，活動主題便會無限的多。品質的提升也可防止圈活動老化。

用啓發與改善分工情況，使其富有變化，亦可防止老化。

表 10-1　品管圈成果發表會（大會）準備工作檢查表

①各圈的活動內容是否已達到可以作成果發表的狀態了？

②各圈對成果發表會的各種準備已完成否？

③品管圈成果發表會舉辦要領是否充分考慮之後才決定？有通告否？

④品管圈成果發表會的進行節目是否好好考慮而後決定？

⑤是否已實施發表會之預演並作自我診斷了？

⑥會場的安排準備完全否？

·視聽器材備齊了否？（如 OHP 的燈泡備妥否）

·會場的佈置已經有充分的檢討否？

⑦品管圈發表的評分表已備妥了否？

⑧評定者（評審委員）及發表者雙方對於評分標準都有一致的看法否？

⑨表揚的時候用的獎狀，紀念品等是否已準備好了？

⑩高級主管人員能夠出席的節目及時間之安排完成了否？

第十一章

QCC 品管圈活動手冊

一、QCC 品管圈之意義

在同一工作環境內之員工，本著自動自發的精神，進行品質管理活動的小圈圈。

這小圈圈是公司品質管理活動的一環。自我啓發，互相啓發，活用品管方法。全員參加，持續不斷地，求改善工作環境達成經營目標。

1.同一工作環境

由各單位工作性質接近者自由組成，每圈人數以 5—7 人爲原則。

2.品質管理活動

品質——人、事、物、品質的改善。品質的工作就是「顧客滿意且有效率的工作」。顧客不僅指一般櫃檯往來客戶，還包括公司內部工作往來的同事、主管。

3.自動自發的精神

乃品管圈主要精神所在，但必須限於與業務有關且不違反公司政策的事務。

4.小圈圈

三人行必有我師。

三個臭皮匠勝過一個諸葛亮。

5.公司品質管理的一環

基本方針「提高服務品質」、「業務迅速化、正確化、效率化」。個人在工作範圍所及，充任達成基本方針的一環。

6.自我啓發，互相啓發

問題點的發掘、檢討、解決→不斷提出意見，努力完成。

透過發表會，研習會→相互刺激，提升水準。

7.品管方法

徹底討論，辨別事實。

8.工作環境的改善

從日常處理的工作中，找出問題，深入檢討。

9.持續性一題又一題，不斷地挑戰。

每一主題，以檢討會或發表會加以明確而深入的探討。

10.全員參加

全體人員參與檢討自己的工作，可以產生相互信賴的關係及明朗的人際關係。

二、QCC品管圈活動之進行

1.成立品管圈

原則以科爲單位，人數 5—7 人，超過規定人數之單位，得分組組圈，遇人事異動，管制組應即通知推動總部。

2.圈之命名

各圈命名由圈員共商決定之，圈名以兩字爲妥（如松柏圈、長青圈等）。

3.選出圈長

起初由科長或副科長擔任，後由圈員互選擔任，盡可能採取輪流方式擔任圈長，各項會議先由圈長擔任主席，以後再互

推之,每次開會由主席指定記錄。

4.向 QCC 推動總部登記

品管圈登記時,填寫「品管圈登記卡」一式 3 份,1 份自存,1 份送 QCC 推動總部,1 份呈送所屬管制組。

5.執行活動

· 各圈每月應定期開會 2 次以上,由各該圈圈長負責召開。

· 開會之主題或內容,應事先通知圈員,俾便準備有關資料。

· 各圈之聚會,在下班時間舉行,每次以不超過 1 小時為原則。

· 會議應讓每人發言,並列為記錄。

· 會後應作成結論,並確定下次工作目標。

· 品管圈活動,不僅檢討改善異常事件,日常工作之各種有關問題,亦應不斷去發掘改善。

· 各圈應就每一工作目標,研訂 QCC 活動計劃書呈報管制組,事後應作成 QCC 活動成果報告書,呈送管制組轉送推動總部彙辦。

· 推動總部應按月將各組品管圈成果報告書匯總整理,提請評審委員會審查。

6.品管圈評價

(1)評價分平時考核及成果審查兩項。

(2)平時考核由各管制組負責人觀察考核之,考核重點如下:

· 品管圈之組織能力。

· 圈長之領導能力。

- 圈員參與熱誠。
- 動腦會議運用效果。
- 執行方式及書面報告是否依規定辦理。

(3)成果審查由評審委員會負責評定,每季評審 1 次,由該會召集人負責召開,成果優秀之前 3 名,按季公告,藉收相互砥礪作用。

(4)成果評審之重點如下:

- QCC 目標之價值。
- 原因分析之深度。
- 改進對策。
- 實施經過。
- 成效(儘量以數據表示)。

(5)經評定之優秀品管圈,於每季擴大業務檢討會時公開發表成果。

(6)公開成果發表會訂於每年 4 月、7 月、11 月之擴大業務檢討會舉行。

(7)個人組成果優秀者,由各管制組負責人分別推薦 2 名,經評審委員審議後決定人選,每季審議 1 次,並公告之。

7.品管圈獎勵

(1)QCC 成果優秀獎

團體組:取 3 組,以全年度總分最高之前 3 名得獎。

個人組:取 10 名,以全年度總分最高之前 10 名得獎。

(2)QCC 工作推動獎

團體組:取 3 單位,由管制組負責人推薦,並經評審委員

會通過。

個人組：取 5 名，由管制組負責人推薦，並經評審委員會通過。

(3)上述得獎者均須呈報促進委員會核定。

(4)獎勵事項依本公司 QCC 進行計劃之獎勵方式辦理。

三、QCC 品管圈活動之管理週期

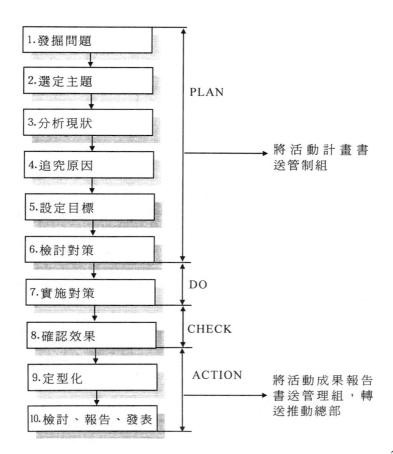

表 11-1

活動項目	具體內容
1.發掘問題	(1)常對份內的工作環境，抱有問題意識。 (2)重新觀察工作環境，有否窒礙難行之處？有否浪費？有否勞逸不均？及為什麼？ (3)上下班時靈感閃過，馬上記在筆記簿上。
2.選定主題	(1)QC 活動的成敗，系於主題的選定。 (2)選擇易懂而實際的問題。 (3)改善或努力的結果數據化，更能引起興趣。 (4)選擇那些只要大家努力 3—4 個月就可能實現者為目標。 (5)題目很多時，先註明優先順序。 (6)題目重點與實例 • 提高工作效率(如嚴守會議時間) • 提高工作正確性(如傳票記帳錯誤的減少) • 提高服務品質(如客戶等侯時間的縮短) • 如何節流(如事務費用削減 10%) • 業務推廣(如推廣櫃檯新戶) • 應對禮貌(如電話應答要領)
3.分析現狀	(1)先收集、分析與主題有關的數據。 (2)分析結果儘量圖表化，較易瞭解。
4.追究原因	(1)就產生問題的原因由全員徹底研究。方法有：腦力激蕩術、TKJ 法等。 (2)下列項目，可供追究參考：人、場所、時間、方法、流程、使用工具、費用、安全性、士氣、生產力……等。
5.設定目標	(1)根據分析現狀及追究原因所得，由全員設定活動的目標(努力目標)。 (2)設定的目標填入活動計劃書，送管制組。
6.檢討對策	(1)以腦力激蕩術，研擬產生問題、原因的對策。 (2)研擬之對策應具體化(5W2H：What，Why，Who，When，Where，Howmuch)。 下列各點可提供為研擬對策時參考： • 效果大小 • 輕重緩急

	· 在自己單位實行的可能性(第一優先考慮)
	· 經費預算
7.實施對策	(1)大家研擬的對策,報請管制組同意後,即可試行一下。
	(2)試辦期間應延長到可以獲得所需的試辦數據。
	(3)再檢討對策並修改爲更佳的對策。
8.確認效果	(1)比較試辦前後的數據。
	(2)試辦結果不理想時,再檢討對策。
9.定型化	費盡工夫想出的方法必須予以定型,以防舊態復萌。
10.檢討、報告、發表	(1)檢討活動的優劣點及今後應改進之處,並作成紀錄。
	(2)填制 QCC 活動成果報告書,送管制組轉推動總部彙辦。
	(3)成果發表注意事項
	· 決定發表內容的大綱
	· 發表時多利用投影機或白報紙
	· 多利用圖表較易瞭解
	(4)成果發表會
	· 每月一次,由各管制組所轄各圈順次發表。
	· 出席者應將其內容與自己圈內活動比較,吸收長處,互相啓發。

第十二章

QCC 的實施管理辦法與表格

一、A公司品管小組活動實施辦法

第一章　總則

第一條： 為促進全公司各部門的基層單位，發揮團隊力量，集思廣益、分工合作，解決工作崗位上的問題，以提高生產力，特制訂本辦法。

第二條： 本公司各基層單位，都可依本辦法登記及展開改善活動的小團體，並接受評價與獎勵。

第三條： 品質小組活動名稱的由來，是以本公司企業方針：「一流人才、一流產品」的「一流」的精神，所從事消除浪費、無理、無效的改善活動，統稱為「品質小組」。

第四條： 品質小組活動的意義：

在於培育員工，使員工能夠發揮最高度的敬業精神、及潛在能力，同時在團結合作中、在工作中追求樂趣與榮譽感，以創造產品的最佳機能與品質。簡單說，培養一流人才，創造一流產品。

第五條： 品質小組活動的定義：

（一）同一工作場所內的同事。

（二）五人至十人組成。

（三）一個小團體。

（四）對工作崗位上的問題。

（五）成員集思廣益。

（六）應用 VE、IE、QC 的手法。

（七）轉動 PDCA 管理循環。

（八）提高工作品質。

（九）推行自主管理。

（十）是全員經營的活動。

第六條：品質小組活動的目的：

（一）創造明朗和諧的工作環境。

（二）增加工作的樂趣及榮譽感。

（三）發揚團隊精神。

（四）提高員工解決問題的能力。

（五）提高員工個人工作的品質。

第二章　推行組織

第七條：活動體系

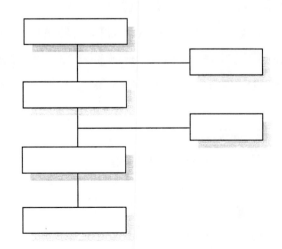

第八條：推行組織的進層階梯：

階梯 項別	輔導期 2001年	加強期 2002年	成長期 2003年	成熟期 2004年
目標管理	無	組數、件數	組數、件數	組數、件數
推行組織	品管委員會	部廠室	部廠室	部廠室
經辦	總幹事	幹事	幹事	幹事
輔導員	部長、組長	部長、組長	組長、班長	班長
小組長	班長	班長	班長、班員	班員

第九條：成熟期後的品質小組活動，是以行政組織的基層單位為改善活動小組，持續推展。

第十條：品管委員會總幹事任務

（一）統籌品質小組活動計畫。

（二）訂立品質小組教育訓練教材。

（三）舉辦全公司品質小組活動觀摩會。

（四）協助各部廠室推展品質小組活動。

第十一條：部廠室推行中心

（一）品質小組活動教育訓練計畫及實施。

（二）品質小組活動本身能力未能解決的問題的處理。

（三）促進品質小組活動的宣導。

（四）舉辦各項活動競賽。

（五）舉辦品質小組活動發表會。

（六）確實公正評價改善後的效果維持。

（七）協助建立改善後新方法的標準化。

（八）召開輔導員會議解決輔導上的問題點。

（九）召開小組長會議瞭解各小組進行情況，並且協助。

（十）研究推行技巧，促進品質小組的順利進行。

第十二條： 幹事職責（必要時設專人、專職負責推動）

（一）推行中心決議事項的執行。

（二）接受品質小組的登記。

（三）檢查品質小組活動的進度。

（四）品質小組活動成果報告書的處理。

（五）品質小組活動有關事項的建議。

（六）每期向品管委員會提交活動動態，做為年度評價依據。

第十三條： 輔導小組任務

（一）創造品質小組能進行活動的環境。

（二）品質小組活動的評價、輔導。

（三）品質小組活動疑難問題的解決。

第十四條： 品質小組活動的協助

品質小組活動是由下而上的基層團隊活動，必要時要透過下列活動共同來解決問題。

（一）組織體制的活動：由上而下的宣導及指示的「工作改善」活動。

（二）專案小組的活動：橫向聯繫的「專題改善」活動。

第三章　採用登記制度

第十五條：品質小組活動採用登記制度，以得到全公司的公認，追求改善活動的明確化，以及小組間資訊的交流等，使小組活動能夠有效地推動。

第十六條：品質小組的組成：

（一）品質小組活動，全公司全員參加。

（二）依行政組織的基層單位 5—10 人組成，但成員超過10 人時，應分成數個小組。

（三）小組長由主管指派或組員推選一名擔任，以領導小組做改善活動。

（四）組名以組員共同決定後命名。

（五）遇有疑難問題，應請直屬主管協助。

第十七條：品質小組組成及目標設定後，填「品質小組登記卡」（附表 1)一式兩份，經呈報部級主管後，送品質小組推行中心幹事登記，一份退回品質小組，一份存推行中心備案。

第十八條：登錄的小組，以不影響生產計畫的進度及業務需要為原則，可利用上班時間召開品質小組的會議，但事前應向直屬主管申請。

第十九條：每次開會應做會議記錄(附表 2)，以便做為活動進度的追查，以及做為成果報告書的依據。

第二十條：各小組每期結束之後，提出成果報告書，依評價流程評價，及參加發表會。

第四章　教育訓練

第二十一條：登錄小組的「新任」小組長，必須接受品管

委員會安排的三天兩夜的集中訓練。

第二十二條：小組組員的培訓，由各部廠室推行中心自行安排做普及教育。

第二十三條：幹部訓練配合各階層幹部管理課程分層次實施教育訓練。或配合實際需要調派集中訓練。

第五章　評價

第二十四條：品質小組活動的評價成績，以活動後成果報告書的書面實地審查(附表 3)佔 60%，及該小組當場發表評審(附表 4)佔 40%，二項共計為總成績。

第二十五條：品質小組活動評價體系：

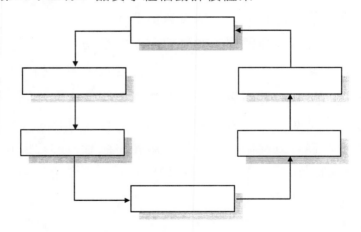

第六章　目標管理

第二十六條：為使品質小組活動成為各部廠室日常管理活動，將各部門一流活動列入目標管理評價。

第二十七條：現階段品質小組活動，評價基準如下：

（一）目標：登錄時的員工人數×0.7÷10＝活動組數。

（二）達成率計算方法

日期	計算	比例	項目	共計
3月1日	登錄組數	×0.3	登錄	
9月1日	目標組數		組數	
6月20日	完結組數	×0.6	書面	達成度
12月20日	登錄組數		組數	
7月10日	發表組數	×0.6	發表	
1月10日	登錄組數		組數	

第二十八條：分上、下半年的目標設定與實績比較。每半年分登錄組數、書面組數、發表組數三階段評價。評價基準日上半年分為 3 月 1 日、6 月 20 日、7 月 10 日。下半年分別為 9 月 1 日、12 月 20 日、1 月 10 日。

第七章　獎勵及表彰

第二十九條：品質小組活動結束後，推出本期會議記錄及整理完成的成果報告書交推行中心幹事，經書面評審核定（成績核定，若有小數點，用四捨五入改為整數），並參加所屬單位舉辦的發表會後，始得依下表獎勵之。

分數	71—75	76—80	81—85	86—90	91—95	96—100
等別	五	四	三	二	一	
獎金	300	400	600	800	1000	1500

第三十條：書面報告中，若有適合「提案改善」的案件，另以「提案改善建議書」提出，依「提案改善獎勵辦法」辦理。

第三十一條：每年1月、7月分別舉辦發表會，由各部室輪流主辦聯合發表會。報名聯合發表會的小組，每滿五個小組選出一個小組，若報名未滿五個小組時，仍選出一個小組參加全公司品質小組活動觀摩會。

第三十二條：發表會獎勵如下：

獎別	獎金（元）	名額
特優獎	3000	1名
優秀獎	2000	若干名
佳作獎	1000	若干名

註：（一）書面評審佔60%；

（二）發表評審佔40%；

（三）二項合計最高分為特優獎。

第三十三條：品管委員會每年2月、8月接受各部門特優小組報名，並聘請評審委員，根據所送成果報告書資料，做書面評審，其分數佔60%，另觀摩會當場發表評審佔40%，合計總分決定獎別。

獎別	獎金（元）	名額
金組獎	4000	1
團結獎	3000	2
挑戰獎	2000	若干名

第三十四條：凡榮獲報名參加全公司品質小組活動觀摩會的小組，其小組長及輔導員（一名為限），於會中各頒發 500 元獎金表揚。

第三十五條：觀摩會規則

（一）每小組發表時間以二十分鐘為限。另以三分鐘為交流時間。

（二）每小組發表時，所使用的圖表以投影片、幻燈片為主，並能在離二十公尺處能看清楚為原則。

（三）各小組發表前，所屬各部廠室以五分鐘時間，說明推動品質小組活動的經驗談。

第八章　附則

第三十七條：本辦法呈總經理核准後實施，修改時相同。

附表 1　XX 股份有限公司

登記編號：	品質小組活動登記卡			
小組名稱		登記區分	□新組成	□重新選題
			□繼續活動	□申請延期
所屬單位	○□△◇		□組成變更	
題目性質	□品質提高　　　　□生產提高　　　　□設備改善			
	□成本降低　　　　□管理改善　　　　□安全改善			
活動題目				
目標				
選定理由				

階段	項目	進行要點	完成期限	小組長
1	組成小組	· 同一工作場所工作性質相同3—10人組成。 · 取名XX小組，選出小組長。	月　日	
2	發掘問題	· 主題：XX的提高，XX的降低，XX標準化 · 目標：提高%，降低%，件數，金額(元)。 · 選定理由：減少後工程的困擾或方針、計畫、管理基準的實施，是迫切需要解決的重要問題。 · 主題問題點的要因分析。	月　日	

續表

3	把握 現狀	・收集所需事實的數據。	月　日	
		・統計現狀數據，用圖表表示。		
4	思考 對策	・選取問題要項做重點攻擊。	月　日	
		・問題點與對策對應清楚。		
5	最佳 方案	・防止再發(根本原因的除去)	月　日	
6	對策 實施	・何人負責執行改善，何時完成。	月　日	輔導員
		・實施進度追查及修正。		
7	效果 確認	・和改善前的數據比較。	月　日	
		・確認對策效果及目標值的達成度。		
8	標準化	・制訂標準、修訂標準、遵照標準。	月　日	註：活動計畫
9	評價	・提出完結報告書、提案建議書。	月　日	進度請務必
		・未解決的問題、為下期的目標。		在本期活動
10	觀摩會	・發表小組的活動經驗，以便互相學習 及勉勵。		期間的1/2完 成第5階段

附表 2　品質小組活動會議記錄

登記編號		組名		單位	
活動題目					
會議議題					

出席人員簽名：小組長＿＿＿＿＿＿　輔導員＿＿＿＿＿＿＿　列席＿＿＿＿＿＿

＿＿＿＿＿＿　＿＿＿＿＿＿　＿＿＿＿＿＿　＿＿＿＿＿＿　＿＿＿＿＿＿

會議程序（記錄要點）	本次會議自我評價
1.小組長（主席）報告	1.本次為第＿＿＿次會議
2.上次會議決議執行情形報告	2.時間：＿＿＿年＿＿＿月＿＿＿日＿＿＿時＿＿＿分
3.討論事項	使用時間計＿＿＿＿時＿＿＿＿分
4.臨時會議	3.地點：＿＿＿＿＿＿＿＿＿＿＿
5.研習課程	4.出席率：
6.請輔導員指導	實到人數/應到人數＝＿＿＿＿%
7.下次集會工作分配（主席、記錄）	5.發言率：
及日期、地點	發言人數/實到人數＝＿＿＿＿%
8.結論確認	

• 請依會議程序（記錄要點）項目順序用技術用紙書寫，附於本頁之後。

　開會後依會議記錄傳遞流程，三日內送至執行幹事處。

• 會議記錄傳遞：記錄→主席→小組長→班長→組長→課訓練指導員→執

　行幹事

			輔導助言				
執行幹事	部長	課訓練指導員	組長	班長	小組長	主席	記錄

附表 3　品質小組活動完結報告書

報告書內容順序題目：

							評審 1	評審 2	執行幹事	召集人
一	小組 介紹	小組名稱		創立日期			年　月　日			
		登記編號		一個月開會次數			＿＿＿次			
		組成人數		一次會議使用時間			＿＿＿小時			
		平均年齡		累積完成題目			＿＿＿件			
		每項分數 5 4 3 2 1			部長	評審 1	評審 2	執行幹事	召集人	
二	發掘問題	1	活動主題選定是否有價值							
		2	選定理由是否掌握問題點							
		3	目標設定是否具體適當							
		4	活動計畫表與實際的差異							
三	把握現狀	5	資料數據收集是否充分							
		6	改善手法活用程度如何							
四	思考對策	7	是否抓住重點攻擊項目							
		8	是否充分應用創造力							
五	最佳方案	9	是否是防止再發的對策							
		10	是否是實際可行							
六	對策實施	11	5W1H的運用							
		12	努力程度（甘苦談）如何							
七	效果確認	13	效果確認和改善目標是否符合							
		14	改善前後有無數字化的表示							

工廠叢書 ⑰ ·品管圈推動實務----------------------------------

續表

		15	用圖表表示標準化效果維持					
八	標準化	16	有標準制訂、增訂、修訂的管理編號					
九	評價	17	集體創作的真實性如何					
		18	歷次會議記錄主管關切情形					
		19	完結報告書內容是否符合記錄內容					
		20	下期主題及目標是否具體					
十	觀摩		參加發表準備	得分				
本期活動附件		1.歷次會議記錄__件 2.提案建議書__件		簽章				
評審小組意見		完結報告書得分×0.6＝書面發表評分，與現場發表評分合併計算評定。						

廠長	副廠長	評審員	評審員	執行幹事	部長	訓練指導員	小組長

附表 4　品質小組活動發表評審表

組名　　小組　　觀摩發表順序　　　　　　年　月　日

項目	內容		5分 特優	4分 優	3分 普通	2分 稍差	1分 差
選取理由	活動主題選定是否有價值	1					
	問題點是否有掌握住	2					
	目標設定理由是否恰當	3					
解析及處理過程	問題因果關係是否掌握	4					
	資料數據是否充實	5					
	改善手法的活用程度如何	6					
	改善對策是否實際可行	7					
	困難程度和努力程度如何	8					
	是否充分應用想像力發揮腦力資源	9					
效果	效果確認是否和改善目標符合	10					
	改善前後有無不良率、效率或金額的比較	11					
管理	改善對策有無再發防止措施及訂定標準	12					
	改善後有無用圖表表示充分的維持效果	13					
檢討	下期主題的目標是否具體	14					
	全期活動是否符合P→D→C→A	15					
表達方式	發表人員表達能力如何	16					
	圖表製作是否出自小組之手	17					
	簡報內容各階段層次是否清楚有系統	18					
	圖表、文字是否清晰簡明	19					
	發表人態度是否親切	20					
現場發表得分×0.4＝現場發表評分，與書面發表評分合併計算評定。				得分			
優點				缺點			

二、B 公司 QCC 活動實施管理辦法

（一）目的

開展群眾性的 QCC 品管圈活動，是具體運用全面品質管制的方法，實現全面、全員、全過程品質管制的有效途徑；也是調動廣大員工的積極性和創造性，發揮其聰明才智與經驗，不斷提高團隊精神和質量意識，不斷提高企業品質管制水準和效益的好辦法。為了廣泛、深入、扎實地開展 QCC 品管圈活動，更好地發揮 QCC 品管圈的作用，特制定 QCC 品管圈活動管理辦法。

（二）適用範圍

本辦法適用於公司各部門推行 QCC 品管圈活動的管理。

（三）職責

1.人力資源部負責組織各級人員的培訓。

2.品管部負責 QCC 品管圈活動的歸口管理和指導。

3.各部門主管負責組織本部門 QCC 品管圈活動的開展。

（四）QCC 品管圈和課題的註冊登記

1.QCC 品管圈由公司各部門員工自動自發組建或相關領導指令組建，並經民主選舉產生 QCC 品管圈圈長，確定 QCC 品管圈名稱。

2.填寫 QCC 品管圈註冊登記表，經部門主管審核，報品管部登記備案；跨單位的攻關型課題，須經主管領導審核確認，方可進行註冊登記。未註冊登記的 QCC 品管圈視為無效。

3.對註冊後不能正常開展活動的 QCC 品管圈,各級領導要關心幫助，如註冊登記後，連續半年未開展活動，應予以註銷；一年沒有成果的小組應視為自動解散。已註冊的 QCC 品管圈每年進行一次登記確認。

4.選定課題後，應按要求填寫課題註冊登記表，經部門主管審核，報品管部註冊登記；跨部門的攻關型課題，須經主管領導審核確認，方可進行註冊登記。未註冊登記的課題不能參與評審。

（五）QCC 品管圈活動的基本要求

1.QCC 品管圈要利用業餘時間定期開展活動，每月不少於兩次，每項活動都必須認真、如實、及時記錄，有活動考勤，並注重各種基礎資料的收集、整理和保管。QCC 品管圈取得成果，應寫出成果報告書。

2.QCC 品管圈每年至少選定一個課題開展活動，課題難度要適當，一般以半年之內能結束為好。小課題可分解為若干小專題，力求一年能完成一個專題。

3.QCC 品管圈活動必須充分發揚民主，廣泛徵求成員的各種意見，並建立 QCC 品管圈活動標準化的工作制度，確保正常活動秩序，提高工作效率。

4.QCC 品管圈每開展一項專題研究、改善活動，都應嚴格

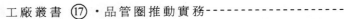

遵循「計畫、實施、檢查、處理」即 PDCA 循環的科學程序。注重數據和資訊的搜集、整理、處理和數據統計工具等各項科學方法的應用。

（六） QCC 品管圈活動的基本程序

1.選題。一般應根據企業方針目標和中心工作，根據現場存在的薄弱環節、根據客戶(包括下道工序)的需要來確定 QCC 品管圈活動課題選擇。QCC 品管圈的選題範圍涉及企業各個方面工作，如：提高質量、降低成本、設備管理、提高生產率、安全生產、改善環境、提高顧客（用戶）滿意率和加強企業內部管理等。

2.確定目標值。課題選定以後，應確定合理的目標值。目標值的確定要注重目標值的定量化和注重實現目標值的可能性。

3.現狀調查。為瞭解課題的目前狀況，必須認真做好現狀調查。在進行現狀調查時，應根據實際情況，應用不同的 QC 工具（如調查表、排列圖等），進行數據的搜集整理。

4.原因分析。對調查後掌握到的現狀，要發動全體組員動腦筋，想辦法，選用適當的 QC 工具（如因果圖、排列圖等），進行分析，找出問題的原因。

5.找出主要原因。經過原因分析以後，將多種原因，採用排列圖，從中找出主要原因。在尋找主要原因時，可根據需要應用排列圖、分層法等不同分析方法。

6.制定措施。主要原因確定後，制定相應的措施計畫，明

確各項問題的具體措施,要達到的目的,誰來做,何時完成以及檢查人。

7.實施措施。按措施計畫分工實施。圈長要組織成員,定期或不定期地研究實施情況,隨時瞭解課題進展,發現新問題要及時採取措施,以達到活動目標。

8.效果檢查。措施實施後,應進行效果檢查。看其實施後的效果,是否達到了預定的目標。如果達到了預定的目標,就可以進入下一步工作;如果沒有達到預定目標,就應對計畫的執行情況及其可行性進行分析,找出原因,在第二次循環中加以改進。

9.措施鞏固和標準。達到了預定的目標值,說明該課題已經完成。但為了保證成果得到鞏固,QCC 品管圈必須將一些行之有效的措施或方法納入工作標準、技術規程或管理標準,經有關部門審定後納入企業有關標準或文件。如果課題的內容只涉及本班組,那就可以通過班組守則、崗位責任制等形式加以鞏固。

10.分析遺留問題及下一步打算。QCC 品管圈通過活動取得了一定的成果,也就是經過了一個 PDCA 循環。還應對遺留問題進行分析,將其作為下一次活動的課題,進入新的 PDCA 循環。

11.總結成果資料。QCC 品管圈將活動的成果進行總結,是自我提高的重要環節,也是成果發表的必要準備,還是總結經驗、找出問題,進行下一個循環的開始。

（七）QCC品管圈活動成果報告與發表

1.QCC 品管圈活動成果報告應包含的內容。

(1)小組概況，包括人員組成、QCC 培訓平均時數、本課題累計活動人次及時數等。

(2)發表課題名稱及發表人。

(3)選題理由（盡可能給予定量的表述）。

(4)現狀分析，找出主要問題，分析原因。

(5)制定對策及實施情況。

(6)效果檢查及標準化措施。

(7)完成課題的主要體會及下一步活動目標設想。

2.QCC 品管圈活動成果發表應注意的事項。

(1)發表的成果、材料，必須以活動記錄（如會議記錄、活動內容等）為基礎，進行必要的整理。

(2)成果發表者，必須是熟悉本課題活動的小組成員。

(3)凡是要發表的成果，必須經過一段時期的考證，要實事求是。

(4)要正確、靈活應用數理統計方法。

3.由品管部會同人力資源部、行政部每年至少組織一次 QCC 品管圈活動成果發表會。

（八）成果的評審和成果獎勵

1.凡經品管部登記註冊，並能堅持活動的 QCC 品管圈，在課題結束後，應認真總結，並寫出 QCC 品管圈活動成果報告書，及時將 QCC 品管圈活動成果報告書連同活動記錄送交品管

部。

2.品管部收到 QCC 品管圈活動成果報告書後,應立即轉送相關部門,對成果報告書中的質量效果和效益進行核實,在此基礎上由品管部按照成果大小、獎勵標準提出初步意見,呈報 QCC 品管圈推行委員會審核;經推行委員會評出後,按相應的標準獎勵。凡參加成果發表的 QCC 品管圈都另頒發參與獎。

3.QCC 品管圈所取得的效果,由 QCC 品管圈活動評審小組審核確認後,按合理化建議獎勵標準進行獎勵。

（九）相關記錄表格（如下）。

一：QCC 註冊登記表

QCC 品管圈名稱				成立日期			
註冊登記日期				註冊號碼			
部門				班組			
聯繫電話				聯絡人			
本期活動主題							
輔導員				QCC 經歷		是 期圈員 是 期圈長 是 期輔導員	
圈長				QCC 經歷		是 期圈員 是 期圈長	
圈員資料							
姓名	部門		崗位	性別	圈齡	工作內容	
本期活動時間	年 月 日－年 月 日						
每週固定圈會時間					圈會地點		
培訓需求							
組圈說明							
部門經理		QCC 委員會			主管		

（二）QCC 活動課題登記表

QCC 品管圈名稱		成立日期		
註冊登記日期		註冊號碼		
部門		班組		
圈長		人數	男：　人，女：　人	
本期活動課題				

現狀問題及評價					
序號	問題	嚴重性	緊迫性	擴散性	綜合判定

選題理由

活動目標

課題審核					
部門 經理		主管		組長	

（三）QCC 活動計畫表

制定人：　　　　　　　　　　　　　　　　　　日期

活動 類別		周別 項目 ＼ 時間	1	2	3	4	5	6	7	……
改善活動	P	組圈								
		設定主題及目標								
		制定活動計畫								
		現狀調查								
		數據收集整理								
		原因分析								
		原因驗證								
		對策制定和審批								
	D	對策實施及檢討								
	C	成果確認								
	A	標準化								
		成果資料整理								
		總結及下一步計畫								
註		表示計畫時間　　　　　…………表示實際時間								
以下為活動培訓和交流計畫，在實際推行中可另行制定										
培訓活動										
交流活動										
圈長		輔導員		主管			經理			

324

（四）QCC 活動目標評價表

QCC 品管圈名稱		成立日期	
註冊登記日期		註冊號碼	
部門		班組	
圈長		人數	男： 人，女： 人
本期活動課題			
本期活動目標			

目標評價記錄
目標適宜性評價
目標可操作性評價
目標數據論證
評價結論

部門 經理		主管		組長	

（五）QCC 活動計畫實施跟蹤表

QCC 品管圈名稱		圈長	
登記人數		活動開始日期	
實際參與人數		計畫完成日期	
活動課題			

活動計畫實施情況記錄				
活動項目及內容	負責人	完成日期	實施效果	存在問題

活動實施階段性總結

經理		主管		圈長	

（六）QCC 圈會通知單

QCC 品管圈名稱	
圈會次數	年　　月第_____次圈會
會議日期	
會議地點	
會議主題	
主持人	
參加人	

會議議程			
步驟	討論事項	發言人	時間
會議說明			

編制：　　　　　　　　　　　　　批准：

七 QCC 圈會記錄表

QCC 品管圈名稱	
圈會次數	年　　月第_____次圈會
會議日期	

會議日期		時間	

會議地點	
會議主題	
主持人	
參加人	

<table>
<tr><td colspan="4" align="center">會議記錄</td></tr>
<tr><td>發言人姓名</td><td>提出的事項/問題/意見</td><td>建議的解決措施</td><td>備註</td></tr>
<tr><td></td><td></td><td></td><td></td></tr>
<tr><td>會議總結</td><td colspan="3"></td></tr>
</table>

圈長：　　　　　　　輔導員：　　　　　　　經理：

（八）QCC 活動輔導日常評分表

QCC 圈名				期數				所在部門/班組					
周期	開會準時率 20%					記錄時效性 20%			進度 50%					
									圈會進度 25%				看板進度 25%	
	計畫日	實際日	假日	差異	評分	簽收日	假日	差異	評分	計畫	實際	差異	評分	實際	差異	評分
1																
2																
3																
4																
5																
6																
7																
平均	總分/應開會次數					總分/應記錄次數				總分/應有次數				總分/次數		

輔導員	運作狀況（優點/困難點）			圈意見反饋		

部門主管	解決措施	負責人	計畫完成日	實際完成日
	上週末解決問題情況	負責人	計畫完成日	實際完成日

圈長		輔導員		經理	

工廠叢書 ⑰ ・品管圈推動實務------------------------------------

（九）QCC 日常評分月報表

序號	QCC圈名	開會準時 20%	記錄時效 20%	進度控制 50%		提案 10%	小計	活動主題	改善目標
				圈會 25%	看板 25%	點數 ×0.5			
1									
2									
3									
4									
5									
6									
7									
8									
9									
10									
11									
12									
13									
14									
15									
16									

製表：　　　　　　　　　　　　　　　　　審核：

330

（十）QCC 獎勵登記表

序號	獎勵對象	獎勵種類	獎勵內容	獎勵人員	獎勵金額	獎勵日期

（十一）QCC 成果評價表

QCC 品管圈名稱		成立日期		
註冊登記日期		註冊號碼		
部門		班組		
圈長		人數	男：　人，女：　人	
本期活動課題				
活動目標				

評價項目	評價內容	評分					得分
活動狀況	1.現狀調查是否清楚？重點把握度如何	0	1	2	3	4	
	2.原因分析徹底性、正確性						
	3.對策實施的計劃性、可行性						
	4.圈會出勤率						
	5.成果報告條理性						
有形成果	6.圈員參與的積極性程度						
	7.目標達成率高低						
	8.節省工時、費用多少						
	9.不良率的降低						
	10.其他						
無形成果	11.員工品質意識的加強						
	12.員工向心力的提高						
	13.圈長管理能力的提高程度						
	14.員工分析和解決問題能力提高						
	15.員工溝通能力						
	16.其他						

總得分：
評價結論：
考核評價員簽名：

（十二）QCC 對策實施表

序號	不良項目	原因分析	改善目標	改善對策	對策評價			責任人	完成日期	備註
					A	B	C			

編制			審批		

（十三）QCC 活動經費申請表

QCC 品管圈名稱		成立日期	
註冊登記日期		註冊號碼	
部門		班組	
圈長		人數	男： 人，女： 人
本期活動課題			
本期活動目標			

申請原因

經費使用事項一覽				
序號	工作事項	活動時間	活動效果	預計費用（元）
有關事項說明				

部門經理		主管副總經理		總經理	

（十四）QCC 活動現場評審表

公司名稱			
QCC 品管圈名稱		類別	
課題名稱		日期	
評審內容及記錄			

序號	評審項目	標準分	得分	備註
1		2～5 分		
2		5～12 分		
3		3～6 分		
4		3～6 分		
5		4～8 分		
6		5～12 分		
7		4～10 分		
8		3～7 分		
9		3～6 分		
10		3～6 分		
11		3～7 分		
12		2～5 分		
13		5～10 分		
14	其他			
整體評價		得分		
評審人員				

註：QCC 活動成果現場評審表中各項具體內容見附件說明

（十五）公司活動發表評審表

公司名稱					
QCC 品管圈名稱			類別		
課題名稱			日期		
評審內容及記錄					
序號	項目	內容	評分標準	得分	備註
1	選題	(1)選題理由 (2)現狀調查及分析的程度 (3)目標設定的理由及適應程度	8～15 分		
2	原因分析	(1)把握問題的因果關係 (2)分析問題的深度和廣度 (3)把握影響主要原因的程度 (4)適當地運用分析技術方法	12～20 分		
3	對策與實施	(1)正確制定對策 (2)實施對策的程度 (3)適當地運用統計技術方法	12～20 分		
4	實施效果	(1)效果確認和改善目標達成的程度 (2)改善前後有形和無形成果的比較 (3)效果的維持及鞏固情況	12～20 分		
5	成果發表	(1)發表內容通俗易懂，以圖表數字為主，文字為輔，清晰簡明 (2)發表內容層次分明，邏輯性強 (3)儀表端正，態度誠懇、口齒清楚，交流效果好	8～15 分		
7	成果特色	(1)主題具體、務實 (2)具有啟發性的特色	6～10 分		
整體評價				得分	
評審人員					

圖書出版目錄

郵局劃撥號碼：18410591　　　郵局劃撥戶名：憲業企管顧問公司

經營顧問叢書

4	目標管理實務	320 元	27	速食連鎖大王麥當勞	360 元
5	行銷診斷與改善	360 元	30	決戰終端促銷管理實務	360 元
6	促銷高手	360 元	31	銷售通路管理實務	360 元
7	行銷高手	360 元	32	企業併購技巧	360 元
8	海爾的經營策略	320 元	33	新產品上市行銷案例	360 元
9	行銷顧問師精華輯	360 元	35	店員操作手冊	360 元
10	推銷技巧實務	360 元	37	如何解決銷售管道衝突	360 元
11	企業收款高手	360 元	38	售後服務與抱怨處理	360 元
12	營業經理行動手冊	360 元	40	培訓遊戲手冊	360 元
13	營業管理高手（上）	一套	41	速食店操作手冊	360 元
14	營業管理高手（下）	500 元	42	店長操作手冊	360 元
16	中國企業大勝敗	360 元	43	總經理行動手冊	360 元
18	聯想電腦風雲錄	360 元	44	連鎖店操作手冊	360 元
19	中國企業大競爭	360 元	45	業務如何經營轄區市場	360 元
21	搶灘中國	360 元	46	營業部門管理手冊	360 元
22	營業管理的疑難雜症	360 元	47	營業部門推銷技巧	390 元
23	高績效主管行動手冊	360 元	48	餐飲業操作手冊	390 元
24	店長的促銷技巧	360 元	49	細節才能決定成敗	360 元
25	王永慶的經營管理	360 元	50	經銷商手冊	360 元
26	松下幸之助經營技巧	360 元	52	堅持一定成功	360 元

54	店員販賣技巧	360元		78	財務經理手冊	360元
55	開店創業手冊	360元		79	財務診斷技巧	360元
56	對準目標	360元		80	內部控制實務	360元
57	客戶管理實務	360元		81	行銷管理制度化	360元
58	大客戶行銷戰略	360元		82	財務管理制度化	360元
59	業務部門培訓遊戲	380元		83	人事管理制度化	360元
60	寶潔品牌操作手冊	360元		84	總務管理制度化	360元
61	傳銷成功技巧	360元		85	生產管理制度化	360元
62	如何快速建立傳銷團隊	360元		86	企劃管理制度化	360元
63	如何開設網路商店	360元		87	電話行銷倍增財富	360元
64	企業培訓技巧	360元		88	電話推銷培訓教材	360元
65	企業培訓講師手冊	360元		89	服飾店經營技巧	360元
66	部門主管手冊	360元		90	授權技巧	360元
67	傳銷分享會	360元		91	汽車販賣技巧大公開	360元
68	部門主管培訓遊戲	360元		92	督促員工注重細節	360元
69	如何提高主管執行力	360元		93	企業培訓遊戲大全	360元
70	賣場管理	360元		94	人事經理操作手冊	360元
71	促銷管理（第四版）	360元		95	如何架設連鎖總部	360元
72	傳銷致富	360元		96	商品如何舖貨	360元
73	領導人才培訓遊戲	360元		97	企業收款管理	·360元
74	如何編制部門年度預算	360元		100	幹部決定執行力	360元
75	團隊合作培訓遊戲	360元		101	店長如何提升業績	360元
76	如何打造企業贏利模式	360元		102	新版連鎖店操作手冊	360元
77	財務查帳技巧	360元		103	新版店長操作手冊	360元

104	如何成為專業培訓師	360 元
105	培訓經理操作手冊	360 元
106	提升領導力培訓遊戲	360 元
107	業務員經營轄區市場	360 元
108	售後服務手冊	360 元
109	傳銷培訓課程	360 元
110	〈新版〉傳銷成功技巧	360 元
111	快速建立傳銷團隊	360 元
112	員工招聘技巧	360 元
113	員工績效考核技巧	360 元
114	職位分析與工作設計	360 元
115	如何辭退員工	900 元
116	新產品開發與銷售	400 元
117	如何成為傳銷領袖	360 元
118	如何運作傳銷分享會	360 元
119	〈新版〉店員操作手冊	360 元
120	店員推銷技巧	360 元
121	小本開店術	360 元
122	熱愛工作	360 元
123	如何架設拍賣網站	360 元
124	客戶無法拒絕的成交技巧	360 元
125	部門經營計畫工作	360 元

《企業傳記叢書》

1	零售巨人沃爾瑪	360 元
2	大型企業失敗啟示錄	360 元
3	企業併購始祖洛克菲勒	360 元
4	透視戴爾經營技巧	360 元
5	亞馬遜網路書店傳奇	360 元
6	動物智慧的企業競爭啟示	320 元
7	CEO 拯救企業	360 元
8	世界首富　宜家王國	360 元
9	航空巨人波音傳奇	360 元
10	媒體併購大亨	

《商店叢書》

1	速食店操作手冊	360 元
4	餐飲業操作手冊	390 元
5	店員販賣技巧	360 元
6	開店創業手冊	360 元
8	如何開設網路商店	360 元
9	店長如何提升業績	360 元
10	賣場管理	360 元
11	連鎖業物流中心實務	360 元
12	餐飲業標準化手冊	360 元
13	服飾店經營技巧	360 元
14	如何架設連鎖總部	360 元

15	〈新版〉連鎖店操作手冊	360 元
16	〈新版〉店長操作手冊	360 元
17	〈新版〉店員操作手冊	360 元
18	店員推銷技巧	360 元
19	小本開店術	360 元

——《工廠叢書》——

1	生產作業標準流程	380 元
2	生產主管操作手冊	380 元
3	目視管理操作技巧	380 元
4	物料管理操作實務	380 元
5	品質管理標準流程	380 元
6	企業管理標準化教材	380 元
7	如何推動 5S 管理	380 元
8	庫存管理實務	380 元
9	ISO 9000 管理實戰案例	380 元
10	生產管理制度化	360 元
11	ISO 認證必備手冊	380 元
12	生產設備管理	380 元
13	品管員操作手冊	380 元
14	生產現場主管實務	380 元
15	工廠設備維護手冊	380 元
16	品管圈活動指南	380 元
17	品管圈推動實務	380 元

18	工廠流程管理	380 元
19	生產現場改善技巧	

——《傳銷叢書》——

4	傳銷致富	360 元
5	傳銷培訓課程	360 元
6	〈新版〉傳銷成功技巧	360 元
7	快速建立傳銷團隊	360 元
8	如何成爲傳銷領袖	360 元
9	如何運作傳銷分享會	360 元

——《培訓叢書》——

1	業務部門培訓遊戲	380 元
2	部門主管培訓遊戲	360 元
3	團隊合作培訓遊戲	360 元
4	領導人才培訓遊戲	360 元
5	企業培訓遊戲大全	360 元
6	如何成爲專業培訓師	360 元
7	培訓經理操作手冊	360 元
8	提升領導力培訓遊戲	360 元

《財務管理叢書》

1	如何編制部門年度預算	360 元
2	財務查帳技巧	360 元
3	財務經理手冊	360 元
4	財務診斷技巧	360 元
5	內部控制實務	360 元
6	財務管理制度化	360 元

《企業制度叢書》

1	行銷管理制度化	360 元
2	財務管理制度化	360 元
3	人事管理制度化	360 元
4	總務管理制度化	360 元
5	生產管理制度化	360 元
6	企劃管理制度化	360 元

《成功叢書》

1	猶太富翁經商智慧	360 元
2	致富鑽石法則	360 元
3	發現財富密碼	

《主管叢書》

1	部門主管手冊	360 元
2	總經理行動手冊	360 元
3	營業經理行動手冊	360 元
4	生產主管操作手冊	380 元
5	店長操作手冊	360 元

6	財務經理手冊	360 元
7	人事經理操作手冊	360 元

《醫學保健叢書》

1	9 週加強免疫能力	320 元
2	維生素如何保護身體	320 元
3	如何克服失眠	320 元
4	美麗肌膚有妙方	320 元
5	減肥瘦身一定成功	360 元
6	輕鬆懷孕手冊	360 元
7	育兒保健手冊	360 元
8	輕鬆坐月子	360 元
9	生男生女有技巧	360 元
10	如何排除體內毒素	360 元
11	排毒養生方法	360 元
12	淨化血液　強化血管	360 元
13	排除體內毒素	360 元
14	排除便秘困擾	360 元

《幼兒培育叢書》

1	如何培育傑出子女	360 元
2	培育財富子女	360 元
3	如何激發孩子的學習潛能	360 元
4	鼓勵孩子	360 元
5	別溺愛孩子	360 元
6	孩子考第一名	360 元

《人事管理叢書》

1	人事管理制度化	360 元
2	人事經理操作手冊	360 元
3	員工招聘技巧	360 元
4	員工績效考核技巧	360 元
5	職位分析與工作設計	360 元
6	企業如何辭退員工	900 元

最 暢 銷 的 工 廠 叢 書

	名 稱	說 明	特 價
1	生產作業標準流程	書	380 元
2	生產主管操作手冊	書	380 元
3	目視管理操作技巧	書	380 元
4	物料管理操作實務	書	380 元
5	品質管理標準流程	書	380 元
6	企業管理標準化教材	書	380 元
7	如何推動 5S 管理	書	380 元
8	庫存管理實務	書	380 元
9	ISO 9000 管理實戰案例	書	380 元
10	生產管理制度化	書	360 元
11	ISO 認證必備手冊	書	380 元
12	生產設備管理	書	380 元
13	品管員操作手冊	書	380 元
14	生產現場主管實務	書	380 元
15	工廠設備維護手冊	書	380 元
16	品管圈活動指南	書	380 元
17	品管圈推動實務	書	380 元
18	工廠流程管理	書	380 元
19	生產現場改善技巧	書	近日出版

上述各書均有在書店陳列販賣，若書店賣完，而來不及由庫存書補充上架，請讀者直接向店員詢問、購買，最快速、方便！

請透過郵局劃撥購買：

郵局劃撥戶名：憲業企管顧問公司

郵局劃撥帳號：18410591

工廠叢書⑰　　　　　　　　售價：380 元

品管圈推動實務

西元二○○六年十一月　初版一刷

作者：李樂武

策劃：麥可國際出版公司（新加坡）

校對：洪飛娟

打字：張美嫻

編輯：劉卿珠

發行人：黃憲仁

發行所：憲業企管顧問有限公司

電話：（02）2762-2241　0930872873

臺北聯絡處：臺北郵政信箱第 36 之 1100 號

郵政劃撥：**18410591 憲業企管顧問有限公司**

印刷所：巨有全印刷事業有限公司

常年法律顧問：江祖平律師

本公司徵求海外銷售代理商（0930872873）

局版台業字第 6380 號　　　　請勿翻印

ISBN 13：978-986-6945-25-0

ISBN 10：986-6945-25-1